贵州草海
水生湿地植物群落及
物种图鉴

朱四喜　肖　林　王凤友　吴云杰　杨秀琴　编著

北　京

冶金工业出版社

2019

内 容 提 要

　　本书主要调查与研究了贵州草海国家自然保护区主要水生湿地植物的种类组成成分、群落结构、主要群落类型、生物量及其分布格局等。经 2015 ~ 2016 年两个生长季的 6 次调查发现草海有水生湿地植物 99 种，隶属 34 科 61 属。种类数量及分布以单子叶植物占优势，常见种有眼子菜科的眼子菜属植物 7 种，如光叶眼子菜（*Potamogeton lucens*）、眼子菜（*Potamogeton distinctus*）、穿叶眼子菜（*Potamogeton perfoliatus*）等，以及蓼科的蓼属植物 11 种，如两栖蓼（*Polygonum amphibium*）、水蓼（*Polygonum hydropiper*）和圆基长鬃蓼（*Polygonum longisetum*）等。本调查结果可以为草海国家自然保护区的湿地植物保护提供基础数据，并为该自然保护区的生态环境管理提供依据。

　　本书可为从事湿地生态学研究方面的科研人员提供科学指导，也可为植物学、生态学、环境生态工程的本科生及研究生，以及湿地保护、自然保护区等生产实践人员提供参考。

图书在版编目（CIP）数据

　　贵州草海水生湿地植物群落及物种图鉴／朱四喜等编著 .—北京：冶金工业出版社，2019.5
　　ISBN 978-7-5024-8100-1

　　Ⅰ.①贵…　Ⅱ.①朱…　Ⅲ.①沼泽化地—植物—贵州—图集　Ⅳ.① Q948.527.3-64

　　中国版本图书馆 CIP 数据核字（2019）第 074206 号

出 版 人　谭学余
地　　　址　北京市东城区嵩祝院北巷 39 号　邮编　100009　电话　(010)64027926
网　　　址　www.cnmip.com.cn　电子信箱　yjcbs@cnmip.com.cn
责任编辑　于昕蕾　美术编辑　郑小利　版式设计　郑小利　孙跃红
责任校对　郑　娟　责任印制　牛晓波
ISBN 978-7-5024-8100-1
冶金工业出版社出版发行；各地新华书店经销；北京博海升彩色印刷有限公司印刷
2019 年 5 月第 1 版，2019 年 5 月第 1 次印刷
169mm×239mm；9 印张；172 千字；129 页
56.00 元

冶金工业出版社　投稿电话　(010)64027932　投稿信箱　tougao@cnmip.com.cn
冶金工业出版社营销中心　电话　(010)64044283　传真　(010)64027893
冶金工业出版社天猫旗舰店　yjgycbs.tmall.com
（本书如有印装质量问题，本社营销中心负责退换）

前　言

按《国际湿地公约》定义，湿地系指不论其为天然或人工、长久或暂时之沼泽地、湿原、泥炭地或水域地带，带有静止或流动、或为淡水、半咸水或咸水水体者，包括低潮时水深不超过6m的水域。我国是《国际湿地公约》的签约国之一，各级政府与单位十分重视湿地的保护工作。湿地是地球最重要的生态系统之一，是大自然赋予人类的宝贵财富，又称地球之肾，受到各界的关注与重视，主要由于它具有特殊的社会、经济与生态价值，同时为人类提供丰富的生态系统功能。湿地植物是湿地生态系统中重要的组成部分，为动物（尤其是鸟类）提供食物、栖息地。然而，随着社会的发展，人类对湿地的利用与破坏越来越严重。因此，对于湿地植物资源的调查、研究及保护已迫在眉睫。

草海属于国家级自然保护区，是一个典型、完整的高原湿地生态系统，地处云贵高原中部顶端乌蒙山麓腹地，与威宁彝族回族苗族自治县县城的西南方向紧密接壤，地理位置为北纬26°47′~26°53′，东经104°10′~104°21′，平均海拔约2200m。由于草海所处的位置具有光照时数高、光能丰富、气候适宜等特征，所以动植物资源自然相对丰富。其中，植物种类繁多，包括高等植物、水生植物、种子植物等。水生植物涵盖了挺水植物、浮叶植物、漂浮植物、沉水植物等类型。鸟类是草海相对重要的动物，尤其是以黑颈鹤为代表的候鸟群为主，如有白肩雕、白尾海雕、灰鹤、白琵鹭等国家Ⅰ、Ⅱ级保护鸟类。故草海素有"鸟的王国""物种基因库""高原明珠""天然博物馆"之称。

贵州民族大学与暨南大学在相关项目的支助下，于2015~2016年开展了两个年度的草海水生湿地植物的现场调查与研究，收集了相关的湿地植物资料。该书主要调查与研究了贵州草海国家自然保护区主要水生湿地植物的种类组成成分、群落结构、主要群落类型、生物量及其分布格局等。经 2015~2016 年两个生长季的 6 次调查发现草海有水生湿地植物 99 种，隶属 34 科 61 属。种类数量及分布以单子叶植物占优势，常见种有眼子菜科的眼子菜属植物 7 种，如光叶眼子菜（*Potamogeton lucens*）、眼子菜（*Potamogeton distinctus*）、穿叶眼子菜（*Potamogeton perfoliatus*）等，以及蓼科的蓼属植物 11 种，如两栖蓼（*Polygonum amphibium*）、水蓼（*Polygonum hydropiper*）和圆基长鬃蓼（*Polygonum longisetum*）等。

本书分为 6 部分：第一章概论；第二章藻类；第三章苔藓植物；第四章蕨类植物；第五章双子叶植物；第六章单子叶植物。

本书得到 2015 年国家自然科学基金项目（31560107）、2018 年贵州省科技厅科技支撑计划项目（黔科合支撑 [2018]2807）、2011 年贵州省高层次人才科研条件特助经费项目（TZJF-2011年-44号）和贵州民族大学"环境科学与工程"学科团队建设经费的资助，以及贵州民族大学、暨南大学师生的帮助，在此一并表示感谢！

本书可为从事湿地生态学研究方面的科研人员提供科学指导，也可为植物学、生态学、环境生态工程的本科生及研究生，以及湿地保护、自然保护区等生产实践人员提供参考。由于水平有限，不足之处在所难免，欢迎批评指正。

朱四喜于贵阳

2019 年 3 月 6 日

目 录

第一章 概 论

Introduction

草海位于贵州省威宁县城的西侧，地处北纬 26°49′ ~ 26°53′，东经 104°12′ ~ 104°18′，海拔 2170m，处于贵州境内长江水系与珠江水系的最高分水岭地带。袁家谟 1983~1984 年和 2005 年对草海水生植被及生物量做过研究[1]。

为进一步查清草海现有水生植物及其生物量状况，掌握其动态变化，作者于 2015~2016 年对草海进行了两个生长季的路线踏查和布点样方调查。样方布点分为敞水区设置 9 个点，上中下游各 3 个点，点位设定以江家湾至余家连线剖面作为下游设点线，以老祖坟至李家连线剖面线作为中游设点线，上游设点线经过西海码头近似平行中游线，沿岸区另设白家咀、刘家巷、朱家湾、李家、余家、黔珠山庄、胡叶林、羊关山、江家湾、无名点、西海码头 11 个点，样点共计 20 个，无名点和西海码头因特殊情况未做样方和生物量采样。采用手持 GPS 全球定位仪定位，用 30cm × 30cm 的水草采样器采样，水草样品经淘洗干净无滴水后用精度为 0.1kg、最大称重 20kg 的电子秤称重，即为湿重，质量低于 0.1kg 的为估读质量。最后将样方数据转换为每平方米的数据进行统计。

现将草海水生湿地植被的种类组成成分、群落结构、主要群落类型、生物量及其分布格局等介绍如下。

一、 水生植被的基本特征

（一） 组成植物

2015~2016 年两个生长季的 6 次调查记录草海湿地水生湿地植物 99 种，隶属 34 科 61 属，较 1983 年的名录新增 8 科、23 属、48 种，较 2005 年的名录新增（见表 1）种类数量及分布以单子叶植物占优势，常见种有眼子菜科的光叶眼子菜（*Potamogeton lucens* L.）、眼子菜（*Potamogeton distinctus*）、穿叶眼子菜（*Potamogeton perfoliatus* L.）、竹叶眼子（*Potamogeton malaianus* Miq.）、微齿眼子菜（*Potamogeton maackianus* A.Benn.）、篦齿眼子菜（*Potamogeton pectinatus* L.）、茨藻科的大茨藻（*Najas marina* L.），泽泻科的泽泻（*Alisma plantagoaquatica* L. var. *orientale* Sam.）、野 慈 姑（*Sagittaria sagittifolia* L.），

表1 草海历次调查水生湿地植物种类成分统计

植物种类	科								属								种							
	1983年		2005年		2009年		2016年		1983年		2005年		2009年		2016年		1983年		2005年		2009年		2016年	
	数量	占比/%	数量	占比/%	数量	占比/%	数量	占比/%	数量	占比/%	数量	占比/%	数量	占比/%	数量	占比/%	数量	占比/%	数量	占比/%	数量	占比/%	数量	占比/%
藻类	1	4.76	1	3.85	1	3.45	1	2.94	3	10.34	3	7.69	3	6.98	3	4.92	3	7.50	3	5.88	3	4.55	3	3.03
苔藓类植物	0	0.00	0	0.00	0	0.00	1	2.94	0	0.00	0	0.00	0	0.00	1	1.64	0	0.00	0	0.00	0	0.00	1	1.01
蕨类植物	2	9.52	3	11.54	3	10.34	2	5.88	2	6.90	3	7.69	3	6.98	2	3.28	2	5.00	3	5.88	3	4.55	3	3.03
双子叶植物	9	42.86	13	50.00	15	51.72	18	52.94	10	34.48	18	46.15	20	46.51	26	42.62	11	27.50	20	39.22	27	40.91	44	44.44
单子叶植物	9	42.86	9	34.62	10	34.48	12	35.29	14	48.28	15	38.46	17	39.53	29	47.54	24	60.00	25	49.02	33	50.00	48	48.48
总计	21		26		29		34		29		39		43		61		40		51		66		99	

水鳖科的黑藻（*Hydrilla verticillata* (L.f.) Royle）、海菜花（*Ottelia acuminata* (Gagnep.) Dandy），禾本科的双穗雀稗（*Paspalum paspaloides*）、菰（*Zizania latifolia* (Griseb.) Stapf）、李氏禾（*Leersia hexandra* Swartz）、芦苇（Phragmites australis），莎草科的水葱（*Scirpus tabernaemontani* Gmel.）、藨草（*Scirpus triqueter* L.）、水毛花（*Scirpus triangulates* Roxb）、水莎草（*Juncellus serotinus* (Rottb.) C.B.Clarke）、黑籽荸荠（*Heleocharis caribaea*）、紫果蔺（*Heleocharis atropurpurea* (Retz.) Pres），浮萍科的紫萍（*Spirodela polyrhiza* (L.) Schleid）、浮萍（*Lemna minor* L.），灯芯草科的灯芯草（*Juncus effusus*），香蒲科的水烛（*Typha angustifolia*）；双子叶植物主要有金鱼藻科的五刺金鱼藻（*Ceratophyllum demersum* L.），小二仙草科的穗状狐尾藻（*Myriophyllum spicatum* L.），蓼科的两栖蓼（*Polygonum amphibium* L.）、水蓼（*Polygonum hydropiper* L.）、酸模叶蓼（*Polygonum lapathifolium*）、尼泊尔酸模（*Rumex nepalensis* Spreng），苋科的空心莲子草（*Alternanthera sessilis* R. Br.），伞形科的水芹（*Oenanthe javanica* (Blume) DC.），莕菜科的莕菜（*Nymphoides peltatum* Kuntze），豆科的白车轴草（*Trifolium repens* L.），马鞭草科的马鞭草（*Verbena officinalis* L.），菊科的小蓬草（*Conyza canadensis* (L.) Cronq.）、马兰（*Kalimeris indica* (L.) Sch.-Bip.）、蒲公英（*Taraxacum mongolicum* Hand-Mazz.）。蕨类植物有苹（*Marsilea quadrifolia* L.）、节节草（*Equisetum ramosissimum* Desf.）和犬问荆（*Equisetum palustre*）3种。苔藓类植物有钱苔科的浮苔（*Ricciocarpus natans*）。

各物种出现的频次按14个样点（将水面的上中下游各3个样点合成一个统计，见表2）统计出现频次10以上的物种有沉水植物：光叶眼子菜、黑藻、五刺金鱼藻；浮叶植物：眼子菜、两栖蓼、莕菜；挺水湿生植物：藨草、水蓼、酸模叶蓼、尼泊尔酸模、李氏禾、双穗雀稗、灯心草、水莎草、水葱、水芹、马兰、蒲公英等。

（二）生活型

依据植物的形态特征及生态习性，可将草海的水生湿地植物分为浮叶、漂浮、沉水、挺水和湿生植物5个类型。浮叶植物代表有两栖蓼、莕菜等；漂浮植物代表有紫萍、浮萍、浮苔；沉水植物代表有穗状狐尾藻、光叶眼子菜、竹叶眼子菜、微齿眼子菜、穿叶眼子菜、篦齿眼子菜、五刺金鱼藻、大茨藻、黑藻、海菜花等；挺水植物主要生长在浅水中，代表种有水葱、藨草、水莎草、黑籽荸荠、紫果蔺、李氏禾和菰等；湿生植物多生长在土壤含水量很高的水边，代表植物有灯心草、车前、白车轴草、蒲公英、萎蒿、酸模叶蓼、尼泊尔蓼、尼泊尔酸模、柳叶菜、沼生蔊菜、石龙芮、犬问荆等。

表 2　不同调查点位各植物出现频次

物种名	上游	中游	下游	刘家巷	白家咀	朱家湾	余家院子	李家	胡叶林	黔珠山庄	羊关山	江家湾	无名点	西海码头	总频次
光叶眼子菜	1	1	1	1	1	1	1	1	1	1	1	1	1	1	14
黑藻	1	1	1		1	1	1	1	1	1	1	1	1	1	13
眼子菜	1			1	1	1	1		1	1	1	1	1	1	11
薰草	1			1	1	1	1		1	1	1	1	1	1	11
水蓼				1	1	1	1	1	1	1	1	1	1	1	11
酸模叶蓼				1	1	1	1	1	1	1	1	1	1	1	11
尼泊尔酸模				1	1	1	1	1	1	1	1	1	1	1	11
李氏禾	1			1	1	1	1		1	1	1	1	1	1	11
双穗雀稗	1			1	1	1	1		1	1	1	1	1	1	11
灯心草				1	1	1	1	1	1	1	1	1	1	1	11
两栖蓼	1			1	1	1	1		1	1	1	1	1	1	11
水莎草	1			1	1	1			1	1	1	1	1	1	10
水葱	1			1	1	1			1	1	1	1	1	1	10
水芹	1			1	1	1		1	1	1	1	1		1	10
苦菜	1			1	1	1		1	1	1	1	1		1	10
马兰				1	1	1		1	1	1	1	1	1	1	10

续表 2

物种名	上游	中游	下游	刘家巷	白家咀	朱家湾	余家院子	李家	胡叶林	黔珠山庄	羊头山	江家湾	无名点	西海码头	总频次
蒲公英				1	1	1	1		1	1	1	1	1	1	10
五刺金鱼藻	1			1	1	1	1	1		1	1	1	1	1	10
篦齿眼子菜	1	1	1	1					1	1	1	1		1	9
小蓬草				1	1	1	1		1	1	1	1	1	1	9
娄蒿	1		1	1	1	1	1			1	1	1	1		9
芦苇	1			1	1	1			1	1	1	1	1	1	9
紫萍	1			1	1	1	1	1			1	1	1	1	9
白车轴草				1	1	1	1		1	1	1	1	1	1	9
微齿眼子菜	1	1	1		1			1	1		1	1		1	8
穗状狐尾藻	1	1	1	1						1	1	1	1	1	8
黄花狸藻	1		1	1	1		1			1	1	1	1		8
稗				1	1	1	1		1		1	1	1	1	8
菌草				1		1	1		1	1	1	1	1	1	8
穿叶眼子菜	1	1	1		1		1		1		1	1			7
空心莲子草	1			1	1		1	1			1		1	1	7
大问荆				1		1	1		1	1	1	1	1		7

续表 2

物种名	上游	中游	下游	刘家巷	白家咀	朱家湾	余家院子	李家	胡叶林	黔珠山庄	羊关山	江家湾	无名点	西海码头	总频次
尼泊尔蓼	1			1	1	1	1						1	1	7
沿沟草				1	1	1			1	1		1	1		7
野慈姑					1	1			1	1	1	1		1	6
剪刀草					1		1		1		1	1	1		6
沼生蔊菜	1				1	1				1	1		1	1	6
水毛花	1			1	1					1	1	1			6
马鞭草				1	1	1		1		1			1		6
牛膝菊				1	1		1			1		1	1		6
棒头草				1	1				1	1		1		1	6
大茨藻	1	1		1						1		1	1		6
菹草		1								1	1	1		1	5
竹叶眼子菜		1	1								1	1		1	5
菌菌蒜						1	1		1			1	1		5
柳叶菜					1				1		1		1	1	5
浮萍					1	1						1	1	1	5
泽泻									1		1	1	1		4

续表 2

物种名	上游	中游	下游	刘家巷	白家咀	朱家湾	余家院子	李家	胡叶林	黔珠山庄	羊关山	江家湾	无名点	西海码头	总频次
旱柳				1		1							1	1	4
海菜花	1									1	1	1			4
紫果蘭							1			1		1		1	4
普生轮藻	1	1								1		1			4
圆基长鬃蓼				1						1		1	1		4
香蒲				1		1		1		1					4
菰	1			1	1			1							4
车前草					1				1		1	1			4
水烛				1	1					1					3
黑籽荸荠				1					1	1		1			3
蒙自水芹（具二型叶）	1								1	1	1			1	3
毛茛							1	1	1						3
胶质丽藻	1											1			3
齿果酸模				1				1		1					3
钻叶紫菀				1						1				1	3
曲枝垂柳				1										1	2
通泉草												1		1	2

续表 2

物种名	上游	中游	下游	刘家巷	白家咀	朱家湾	佘家院子	李家	胡叶林	黔珠山庄	羊关山	江家湾	无名点	西海码头	总频次
水苦荬										1	1				2
菖蒲		1		1											2
荸荠									1			1			2
褐穗莎草													1	1	2
浮苔					1								1		2
石龙芮										1				1	2
钝节扒丽藻	1	1													2
皱叶酸模								1				1			2
狗牙根									1			1			2
黑麦草				1					1						2
旱熟禾									1	1					2
慈姑														1	1
鸢尾											1				1
沼生水马齿										1					1
蒲菜							1								1
牛毛毡												1			1
荆三棱											1				1

续表2

物种名	上游	中游	下游	刘家巷	白家咀	朱家湾	余家院子	李家	胡叶林	黔珠山庄	羊关山	江家湾	无名点	西海码头	总频次
藏北薹草									1						1
二形鳞薹草				1											1
苹								1							1
节节草				1											1
禹毛茛					1										1
箭叶蓼									1						1
萹蓄														1	1
密毛酸模叶蓼										1					1
杠板归														1	1
小蓼花										1					1
莲														1	1
稀莶													1		1
芋石昌								1							1
小茨藻	1														1
黑三棱														1	1
看麦娘										1					1
异鳞薹草											1				1

（三） 群落结构

在此次调查采样的样方中，多数为 4~6 个物种组成一个群落，结构层次多为 1~3 层，1983 年草海调查样方内多由 5~8 个种组成一个群落，结构层次多为 2~3 层，水生植被生态系列的种数为 23 个，2005 年调查时，多数为 2~5 个物种组成一个群落，结构层次多为 1~2 层。说明从 2005 年以来水生湿地植物群落有所恢复。

二、 主要群落类型及分布

调查时见到能形成优势种植物群落共有 30 种，包括**沉水植物群落 10 种**：光叶眼子菜群落、穿叶眼子菜群落、微齿眼子菜群落、竹叶眼子菜群落、五刺金鱼藻群落、穗状狐尾藻群落、黑藻群落、普生轮藻群落、胶质丽藻群落、钝节拟丽藻群落。其中光叶眼子菜群落广布，穗状狐尾藻群落主要分布在下游水域，普生轮藻群落、胶质丽藻群落、钝节拟丽藻群落主要分布在上游区域，五刺金鱼藻群落、黑藻群落主要分布在周边河涌，穿叶眼子菜群落主要分布在县城对面靠近黔珠山庄的水域，微齿眼子菜群落、竹叶眼子菜群落少见。**浮叶植物群落 4 种**：眼子菜群落、荇菜群落、两栖蓼群落、苹群落。其中眼子菜群落和荇菜群落常见，而两栖蓼群落和苹群落稀见，在李家水域可见这两种群落。**漂浮植物群落 3 种**：浮萍群落、紫萍群落、浮苔群落。其中浮苔群落为首次记录，已经分布在草海周边大多数浅水挺水区域。**挺水湿生植物群落 14 种**：蔍草植物群落、水葱植物群落、水莎草植物群落、荸荠植物群落、水烛植物群落、菰植物群落、芦苇植物群落、双穗雀稗植物群落、李氏禾植物群落、剪刀草植物群落、水蓼植物群落、酸模叶蓼植物群落、藏北薹草植物群落、喜旱莲子草群落。其中蔍草植物群落、荸荠植物群落、双穗雀稗植物群落、李氏禾植物群落、水蓼植物群落、酸模叶蓼植物群落广布，但水蓼和酸模叶蓼形成群落面积一般较小；水葱植物群落、菰植物群落、芦苇植物群落主要分布于上游浅水区和周边河涌区；剪刀草群落主要分布在黔珠山庄旁浅水区；藏北薹草主要分布在胡叶林，可能为通过候鸟越冬时从西藏散布而来，盛花果期为 3~4 月。外来恶性杂草空心莲子草优势群落呈斑块状分布草海周边河涌浅滩湿地，从 2005 年首次发现后至今的 10 多年里其蔓延趋势减缓，危害程度降低，在海边的浅水湿地中其群落内常有李氏禾和双穗雀稗大量生长，抑制了它的优势。

本次调查未见荆三棱群落，在踏查过程中仅在羊关山偶见有少数植株；此外本次调查也未见耳菱群落、满江红群落，路线踏查也未见耳菱、满江红个体植株，可能已从草海消失。

下面主要对几种常见的群落的组成和结构以及分布进行简单描述。

（一） 藨草群落　Comm. *Scirpus triqueter*

藨草群落广布于草海水体浅水区以及湖滩湿地。优势种藨草，株高 0.3~1m，茎秆壮，三棱形，长则枝聚伞花序。伴生种有水葱、水毛花、水莎草、李氏禾、双穗雀稗等。群落总覆盖度为 60%~80%。群落外貌为春夏呈浅绿色，入冬后呈黄绿色而逐渐枯萎。

（二） 水葱群落　Comm. *Scirpus tabernaemontani*

水葱群落广布于水体上游湖滩湿地及周边河涌两侧浅水地带。主要分布区域为上游浅水水域。优势种水葱，株高 1~2m，根状茎发达，茎秆粗壮，圆柱形，长则枝聚伞花序。伴生种有藨草、水莎草、李氏禾、双穗雀稗等。群落总覆盖度为 80%~90%。群落外貌整齐，夏秋绿色，入冬后由黄绿变为枯黄。

藨草群落　　　　　　　　　　　水葱群落

（三） 水莎草群落　Comm. *Juncellus serotinus*

　　水莎草群落面积小，斑块状散布于蕉草群落、水葱群落、双穗雀稗群落、李氏禾群落中间，主要分布在草海湖缘浅水区及水体东部水淹地、沼泽地和羊关山周边浅水湿地。优势种水莎草，株高 0.3~1m，茎粗壮，扁三棱形，苞片禾叶状，长于花序。伴生种有水葱、李氏禾、蕉草、水毛花等。群落总覆盖度为 60%~80%。群落外貌为夏秋呈绿色，入冬后变为枯黄色。

（四） 双穗雀稗群落　Comm. *Paspalum paspaloides* (Michx.) Scribn.

　　双穗雀稗群落广布于草海水体浅水区以及湖滩湿地。优势种双穗雀稗，株高 0.1~0.2m，穗状花序对生。伴生种，李氏禾、蕉草、水葱、水毛花、光叶眼子菜、苔菜等。群落总覆盖度为 70%~90%。群落外貌为夏秋呈绿色，入冬后变为枯黄色。

水莎草群落　　　　　　　　　　　　双穗雀稗群落

（五） 芦苇群落 Comm. *Phragmites australis*

芦苇群落分布于草海上游浅水水域和周边河涌湿地。株高 1~2m，叶片披针状线形，长 30cm，宽 2cm，无毛；圆锥花序大型，长 20~40cm，宽约 10cm。伴生种有李氏禾、双穗雀稗、蔗草、苦菜、浮萍、紫萍、浮苔。群落外貌为夏秋呈绿色，入冬后变为枯黄色直至凋零，以地下茎芽过冬。

（六） 水烛群落 Comm. *Typha angustifolia*

水烛群落调查时见于草海上游浅水区、黔珠山庄旁浅水水域和羊关山出水口附近浅水湿地有大面积的水烛形成群落，群落内水烛密度高，覆盖度 90% 以上。水烛，叶片长条形，厚革质；花序圆柱形，雌雄花间隔 2~6cm。伴生种有少量蔗草、水葱、水毛花、光叶眼子菜。群落外貌为夏季呈深绿，冬季呈枯黄。

芦苇群落　　　　　　　　　　　水烛群落

（七） 空心莲子草 (水花生) 群落　Comm. *Alternanthera sessilis*

空心莲子草 (水花生) 群落广布于草海一半左右区域, 出现于沼泽地、玉米地、马铃薯地、菜地、沟渠、人工河两侧、积水塘等地, 其中以白家咀、李家、西海码头区域生长最盛。群落优势种空心莲子草为多年生宿根性恶性杂草, 群落伴生物种有双穗雀稗、李氏禾、蔍草、水蓼、两栖蓼等物种。群落外貌为夏季茂盛, 入冬枝叶枯败, 靠地下茎埋在水中或沼泽湿地里越冬。由于冬季低温能够抑制空心莲子草的无性繁殖和蔓延, 空心莲子草入侵 10~20 年来对本土水生湿地植物群落的影响相对较小。

（八） 藏北薹草植物群落　Comm. *Carex satakeana*

本次调查首次且仅在胡叶林候鸟过冬栖息地的浅水开阔地发现有大面积藏北薹草形成群落, 群落高度 5~10cm, 3~4 月为盛花期, 植株高 5~10cm, 叶宽 2~3mm, 线形, 坚硬小穗 2~5 个, 直立, 接近, 顶生 1 个雄性, 侧生小穗雌性, 有时顶端具雄花。群落伴生种有黑籽荸荠、车前草等湿生植物。

空心莲子草 (水花生) 群落

藏北薹草植物群落

（九） 黑藻群落　Comm. *Hydrilla verticillata* (L.f.) Royle

黑藻叶披针形，轮生，花小，白色，花丝长。广布于草海，一般以伴生种出现于各群落，偶尔形成小面积的群落，呈斑块状广布于草海周边浅水水域和周边河涌。群落夏季呈深绿色，生长茂盛，冬季以休眠芽过冬。

（十） 光叶眼子菜群落　Comm. *Potamogeton lucens* L.

光叶眼子菜群落广泛分布于草海水体各处，以草海周边水深小于 2m 左右的水域生长最为茂盛。优势种光叶眼子菜，叶片网脉明显，叶先端具 0.5~2cm 长的喙，叶柄较短一般短于 2cm。伴生种有微齿眼子菜、穿叶眼子菜、竹叶眼子菜、篦齿眼子菜、黑藻、穗状狐尾藻、大茨藻、蕉草、李氏禾、苦菜、普生轮藻、胶质丽藻、钝节拟丽藻等。群落总履盖度为 90% 以上，局部可达 100%。群落外貌为夏季植丛呈浅绿色，秋季变为黄绿色，群落中穗状狐尾藻优势度增加。

黑藻群落

光叶眼子菜群落

（十一） 穗状狐尾藻群落　Comm. *Myriophyllum spicatum*

穗状狐尾藻群落广布于草海各处敞水水域，以大江家湾至余家剖面线以下的下游水域最为繁茂。优势种穗状狐尾藻，叶片羽状丝裂，轮生；穗状花序而挺出水面。伴生种有光叶眼子菜、穿叶眼子菜、微齿眼子菜、篦齿眼子菜、黑藻等。群落总覆盖度为 70%~90%，局部可达 100%。群落外貌夏季呈嫩绿色，秋季呈黄绿色。

（十二） 普生轮藻、钝节拟丽藻、胶质丽藻群落
Comm. *Chara vulgaris* + *Nitellopsis obtusa* + *Nitella mucosa*

普生轮藻、钝节拟丽藻、胶质丽藻群落主要分布于上游浅水水域和出水口羊关山附近浅水水域，以西海码头到李家剖面线以上的上游浅水水域密度最大。伴生种有水葱、蔗草、李氏禾、大茨藻、光叶眼子菜等。群落总覆盖度为 80%~100%。群落外貌为夏季呈嫩绿色，深秋即变成灰绿或褐绿色。

穗状狐尾藻群落　　　　　　　　　　普生轮藻群落

钝节拟丽藻群落　　　　　　　　　　胶质丽藻群落

（十三） 眼子菜群落 Comm. *Potamogeton distinctus* A.Benn.

眼子菜叶卵圆形，叶柄长，叶漂浮水面，花序梗挺出水面，雌蕊 1~4 数，稀 4 数。广布于草海周边浅水水域，伴生种有两栖蓼、荇菜、黑藻、五刺金鱼藻、紫萍、双穗雀稗等。群落夏季茂盛，冬季凋零枯萎。

（十四） 紫萍、浮萍群落 Comm. *Spirodela polyrhiza* + *Lemna minor*

紫萍、浮萍群落广布于草海周边沿岸浅水水域和河涌。优势种之一紫萍，细小草本，叶状体扁平，倒卵状圆形，漂浮水面，具根 5~11 条，束生，纤维状。优势种之二浮萍为浮水小草本，叶状体对称，倒卵形、椭圆形或近圆形，具根 1 条，纤细。伴生种有水葱、蔗草、李氏禾、五刺金鱼藻、光叶眼子菜、穿叶眼子菜、穗状狐尾藻等零星分布，而紫萍、浮萍、浮苔则漂浮在挺水与沉水植物之间，呈不规则团块状分布。群落总覆盖度为 50%~80% 不等。

眼子菜群落

紫萍、浮萍群落

（十五） 浮苔群落　Comm. *Ricciocarpus natans*

本次调查中浮苔群落大量见于白家咀和无名点的草海沿岸挺水区和河涌内。优势种浮苔，叶状体肉质，多二叉分枝，须根多数，漂浮或土生。伴生种有浮萍、紫萍、水葱、李氏禾等。群落外貌为夏季呈绿色，冬季呈土灰色。

浮苔群落

三、水生植物的生物量

样方调查样点 18 个（见表 3），样方内出现的植物有 23 种，按样方内出现的频次由高到低排序：光叶眼子菜 15 次、大茨藻 9 次、穗状狐尾藻 7 次、微齿眼子菜 6 次、穿叶眼子菜 6 次、普生轮藻 5 次、黑藻 5 次、五刺金鱼藻 4 次、竹叶眼子菜 3 次、莕菜 3 次、眼子菜 2 次、双穗雀稗 2 次、李氏禾 2 次、浮萍 2 次、蕙草 2 次、篦齿眼子菜 2 次、菹草 1 次、紫萍 1 次、小茨藻 1 次、喜旱莲子草 1 次、苹 1 次、黄花狸藻 1 次、钝节拟丽藻 1 次。而按调查样方内的生物量（夏季鲜重，非生长季节应为 1~4 月，4 月调查时候水生植物中大部分凋零，仅穗状狐尾藻生

表3 草海水生湿地群落样方调查数据汇总

样方点	GPS坐标	群落物种组成	湿重/g·m⁻²	水深/m	透明度/m	pH值
刘家巷	N 26°49′51.78″ E 104°16′53.46″	光叶眼子菜	400	0.8	0.8	6.61
		五刺金鱼藻	800			
		黑藻	200			
		微齿眼子菜	30			
		穗状狐尾藻	20			
白家咀	N 26°50′21.18″ E 104°16′26.70″	莕菜	200	0.6	0.3	6.37
		五刺金鱼藻	400			
		蔍草	40			
		浮萍	20			
朱家湾	N 26°49′40.56″ E 104°15′29.82″	五刺金鱼藻	2000	0.6	浑浊	7.56
		浮萍	20			
		紫萍	10			
黔珠山庄	N 26°50′42.42″ E 104°12′47.04″	莕菜	200	0.5	0.5	6.42
		五刺金鱼藻	100			
		黑藻	200			
		双穗雀稗	200			
		光叶眼子菜	300			
胡叶林	N 26°50′57.42″ E 104°11′55.02″	眼子菜	400	0.4	0.4	6.48
		黑藻	100			
		穿叶眼子菜	40			
		菹草	10			

续表3

样方点	GPS 坐标	群落物种组成	湿重/g·m⁻²	水深/m	透明度/m	pH 值
余家	N 26°50′15.72″ E 104°13′5.88″	李氏禾	100	0.3	0.3	7.78
		光叶眼子菜	300			
		黄花狸藻	60			
		黑藻	50			
羊关山	N 26°52′38.40″ E 104°12′49.55″	微齿眼子菜	400	0.4	0.4	7.54
		黑藻	200			
		竹叶眼子菜	100			
		普生轮藻	20			
		光叶眼子菜	300			
江家湾	N 26°51′49.83″ E 104°14′1.31″	光叶眼子菜	300	0.8	0.8	7.13
		李氏禾	30			
		穗状狐尾藻	100			
		穿叶眼子菜	60			
		大茨藻	80			
		普生轮藻	200			
李家	N 26°49′50.48″ E 104°14′0.04″	荇菜	60	0.3	0.3	7.64
		双穗雀稗	200			
		光叶眼子菜	120			
		眼子菜	80			
		喜旱莲子草	100			
		苹	30			

样方点	GPS 坐标	群落物种组成	湿重/g·m⁻²	水深/m	透明度/m	pH 值
上游 2	N 26°50′20.74″ E 104°15′24.32″	光叶眼子菜	300	0.6	0.6	7.05
		普生轮藻	150			
		大茨藻	50			
		穗状狐尾藻	30			
		蔍草	20			
上游 3	N 26°50′30.47″ E 104°15′32.19″	光叶眼子菜	200	0.80	0.8	7.11
		大茨藻	50			
		普生轮藻	500			
		穿叶眼子菜	30			
上游 1	N 26°50′11.03″ E 104°15′7.78″	光叶眼子菜	300	0.70	0.7	6.85
		大茨藻	30			
		钝节拟丽藻	500			
		穿叶眼子菜	40			
		小茨藻	10			
中游 3	N 26°51′6.06″ E 104°14′37.13″	光叶眼子菜	500	1	1	6.67
		大茨藻	50			
		普生轮藻	200			
		微齿眼子菜	100			
中游 2	N 26°50′48.39″ E 104°14′17.60″	光叶眼子菜	300	1.2	1.2	6.87
		大茨藻	100			
		穗状狐尾藻	150			
		微齿眼子菜	300			

续表 3

样方点	GPS 坐标	群落物种组成	湿重/g·m⁻²	水深/m	透明度/m	pH 值
中游 1	N 26°50′30.74″ E 104°14′8.91″	光叶眼子菜	200	1.1	1.1	7.10
		大茨藻	60			
		穿叶眼子菜	100			
		微齿眼子菜	200			
下游 1	N 26°50′53.90″ E 104°13′18.80″	光叶眼子菜	600	1.8	1.8	9.2
		大茨藻	20			
		穗状狐尾藻	100			
		微齿眼子菜	50			
下游 2	N 26°51′10.64″ E 104°13′28.78″	光叶眼子菜	100	2	2	8.51
		穗状狐尾藻	500			
		竹叶眼子菜	50			
		大茨藻	30			
		篦齿眼子菜	100			
下游 3	N 26°50′48.91″ E 104°13′35.72″	穗状狐尾藻	600	2.3	2.3	8.95
		光叶眼子菜	400			
		竹叶眼子菜	60			
		穿叶眼子菜	100			
		篦齿眼子菜	40			

物量大，光叶眼子菜少量）总和排序：光叶眼子菜 4620g、五刺金鱼藻 3300g、穗状狐尾藻 1500g、微齿眼子菜 1080g、普生轮藻 1070g、黑藻 750g、钝节拟丽藻 500g、眼子菜 480g、大茨藻 470g、杏菜 460g、双穗雀稗 400g、穿叶眼子菜 370g、竹叶眼子菜 210g、篦齿眼子菜 140g、李氏禾 130g、喜旱莲子草 100g、蘑草 60g、黄花狸藻 60g、浮萍 40g、苹 30g、小茨藻 10g、紫萍 10g、菹草 10g。从数据统计上看，光叶眼子菜出现频次最高生物量也是最大，而金鱼藻出现频次不高但是往往其优势群落内密度较高、单位面积生物量很大，普生轮藻在水域上游大量存在，生物量不小，穗状狐尾藻出现频次适中，生物量总量也是适中；大茨藻出现频率较高，但样方内夏季生物量总和并不高。

参 考 文 献

[1] 袁家谟 . 草海科学考察报告 [M]. 贵阳 : 贵州人民出版社 , 1986.

第二章 藻类
Algae

一、 轮藻科 Characeae

（一） 轮藻属 *Chara* Vaillant ex L.

| 1 | 普生轮藻 | 拉丁名：*Chara vulgaris* Linn. |

形态：普生轮藻的形态特征主要为植物体上往往有钙质沉积。茎或小枝多具皮层；小枝不分叉，但节上生有苞片细胞；茎节上具有 1~2 轮托叶。

普生轮藻群落

（二） 丽藻属 *Nitella* Agardh

2　　　胶质丽藻　　　　拉丁名：*Nitella mucosa* J.Groves

形态：丽藻属的形态特征为植物体柔软、纤细，小枝多等势分叉，少单轴分叉；每个茎节上多为单轮，少 2~3 轮；常有能育和不育小枝之分，能育小枝多较短、密集，有的尚被有胶质。主要产于热带和亚热带地区的微酸性水中。

胶质丽藻群落

（三） 拟丽藻属 *Nitellopsis* Hy.

3 钝节拟丽藻　　　　拉丁名：*Nitellopsis obtusa* (Desv.) Grov.

形态：拟丽藻属的形态特征为植物体特别粗壮，不具皮层；无托叶或托叶退化；小枝只有 2~5 个节片，苞片细胞 1~3 枚，几与小枝等直径，无小苞片。多生于较深的湖泊和池塘里，常有轮叶黑藻、狐尾藻等水生维管束植物伴生。

钝节拟丽藻群落

二、　钱苔科 Ricciaceae

（四）　浮苔属 *Ricciocarpus*

| 4 | 浮苔 | 拉丁名：*Ricciocarpus natans* |

形态：浮苔植物体呈叶状，叶状体肥厚海绵状，2~3 次 2 歧分枝，形成圆形植物体，直径 1~2cm，鲜绿或暗绿色。叶状体 5~10mm 长，4~9mm 宽，呈心脏形，背面中央有沟，腹面有长带状褐色或紫红色的腹鳞片，生于湿土上的叶状体腹面有假根。常生于含肥料丰富的池沼、湿地中。

浮苔群落

浮苔叶状体

三、 木贼科 Equisetaceae

（五） 木贼属 *Equisetum* L.

5 犬问荆 　　拉丁名：*Equisetum palustre*

形态：犬问荆形态特征为根茎直立和横走，黑棕色，节和根光滑或具黄棕色长毛。枝一型，高 20~60cm，中部直径 1.5~2.0mm，节间长 2~4cm，绿色，但下部 1~2 节节间黑棕色，无光泽，常在基部成丛生状。孢子囊穗椭圆形或圆柱状，长 0.6~2.5cm，直径 4~6mm，顶端钝，成熟时柄伸长，柄长 0.8~1.2cm[1]。

犬问荆轮生枝　　　　　　　　　犬问荆孢子囊

| 6 | 节节草 | 拉丁名：*Equisetum ramosissimum* Desf |

形态：节节草形态特征主要为茎匍匐，节上生根（极少不匍匐的），长可达 1 米余，多分枝，有的每节有分枝，无毛或有一列短硬毛，或全面被短硬毛。叶披针形或在分枝下部的为长圆形，长 3~12cm，宽 0.8~3cm，顶端通常渐尖，少急尖的，无毛或被刚毛；叶鞘上常有红色小斑点，仅口沿及一侧有刚毛，或全面被刚毛[1]。

节节草群落

四、苹科 Marsileaceae

（六） 苹属 *Marsilea* L.

| 7 | 苹 | 拉丁名：*Marsilea quadrifolia* L. |

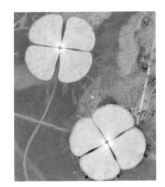

形态：苹的主要形态特征为根状茎细长横走，分枝，顶端被有淡棕色毛，茎节远离，向上发出一至数枚叶子。叶柄长 5~20cm；叶片由 4 片倒三角形的小叶组成，呈十字形，长宽各 1~2.5cm，外缘半圆形，基部楔形，全缘，幼时被毛，草质。常生长于田或沟塘中，是水田中的有害杂草，也可作饲料[1]。

苹叶片由 4 片倒三角形的小叶组成，呈十字形

苹群落

参 考 文 献

[1] 中国科学院中国植物志编辑委员会 . 中国植物志 : 第 6 卷 [M]. 北京 : 科学出版社 , 2004.

五、蓼科 Polygonaceae

（七）　蓼属 *Polygonum* L.

| 8 | 两栖蓼 | 拉丁名：*Polygonum amphibium* L. |

形态：两栖蓼主要形态特征为根状茎横走。生于水中者，茎漂浮，无毛，节部生不定根。生于陆地者：茎直立，不分枝或自基部分枝。生湖泊边缘的浅水中、沟边及田边湿地[1]。

两栖蓼挺水叶

两栖蓼浮叶群落　　　　　　　　两栖蓼浮水叶

| 9 | 水蓼 | 拉丁名：*Polygonum hydropiper* L. |

形态：水蓼主要形态特征为茎直立，多分枝，无毛，节部膨大。叶披针形或椭圆状披针形，顶端渐尖，基部楔形，边缘全缘，具缘毛，两面无毛，被褐色小点；托叶鞘筒状，膜质，褐色，疏生短硬伏毛，顶端截形，具短缘毛，通常托叶鞘内藏有花簇。常生于河滩、水沟边、山谷湿地[1]。

水蓼群落

水蓼叶鞘和叶柄

水蓼叶

水蓼花序

10　　圆基长鬃蓼　　拉丁名：*Polygonum longisetum* var. rotundatum

形态: 圆基长鬃蓼主要形态特征为茎直立、上升或基部近平卧，自基部分枝，无毛，节部稍膨大。叶披针形或宽披针形，顶端急尖或狭尖，叶基部圆形或近圆形。常生于山谷水边、河边草地 [1]。

圆基长鬃蓼植株

11 **尼泊尔蓼** 拉丁名：*Polygonum nepalense*

形态： 尼泊尔蓼主要形态特征为茎外倾或斜上，自基部多分枝，无毛或在节部疏生腺毛。茎下部叶卵形或三角状卵形，顶端急尖，基部宽楔形，沿叶柄下延成翅，两面无毛或疏被刺毛，疏生黄色透明腺点，茎上部较小；叶柄长 1~3cm，或近无柄，抱茎。常生于山坡草地、山谷路旁[1]。

尼泊尔蓼植株

尼泊尔蓼花序梗上的大头腺毛

尼泊尔蓼叶形

| 12 | 箭叶蓼 | 拉丁名：*Polygonum sieboldii* |

形态：箭叶蓼的主要形态特征为茎基部外倾，上部近直立，有分枝，无毛，四棱形，沿棱具倒生皮刺。叶宽披针形或长圆形，顶端急尖，基部箭形，上面绿色，下面淡绿色，两面无毛，下面沿中脉具倒生短皮刺，边缘全缘，无缘毛；叶柄长 1~2cm，具倒生皮刺。常见于山谷、沟旁、水边[1]。

| 箭叶蓼植株 | 茎生倒刺 | 花序 |

箭叶蓼的叶

| 13 | 萹蓄 | 拉丁名：*Polygonum aviculare* L. var. aviculare L. |

形态： 萹蓄主要形态特征为茎平卧、上升或直立，自基部多分枝，具纵棱。叶椭圆形，狭椭圆形或披针形，顶端钝圆或急尖，基部楔形，边缘全缘，两面无毛，下面侧脉明显；叶柄短或近无柄，基部具关节；托叶鞘膜质，下部褐色，上部白色，撕裂脉明显。常生于田边路、沟边湿地[1]。

萹蓄群落

14　　　　　　香蓼　　　　　　　拉丁名：*Polygonum viscosum*

形态： 香蓼主要形态特征为茎直立或上升，多分枝，密被开展的长糙硬毛及腺毛。叶卵状披针形或椭圆状披针形，顶端渐尖或急尖，基部楔形，沿叶柄下延，两面被糙硬毛，叶脉上毛较密，边缘全缘，密生短缘毛；托叶鞘膜质，筒状，密生短腺毛及长糙硬毛，顶端截形，具长缘毛。常生于路旁湿地、沟边草<u>丛</u>[1]。

香蓼植株

茎生披散粗毛

花序

| 15 | 酸模叶蓼 | 拉丁名：*Polygonum lapathifolium* |

形态：酸模叶蓼主要形态特征为茎直立，具分枝，无毛，节部膨大。叶披针形或宽披针形，顶端渐尖或急尖，基部楔形，上面绿色，常有一个大的黑褐色新月形斑点，两面沿中脉被短硬伏毛，全缘，边缘具粗缘毛；叶柄短，具短硬伏毛。常生于田边、路旁、水边、荒地或沟边湿地[1]。

酸模叶蓼群落

酸模叶蓼花序

16　　**密毛酸模叶蓼**　　拉丁名：*Polygonum lapathifolium* L. var. lanatum

形态：密毛酸模叶蓼主要形态特征为茎直立，具分枝，无毛，节部膨大。叶披针形或宽披针形，顶端渐尖或急尖，基部楔形，上面绿色，常有一个大的黑褐色新月形斑点，两面沿中脉被短硬伏毛，全缘，边缘具粗缘毛；叶柄短，具短硬伏毛。常见于田边、路旁、水边、荒地或沟边湿地[1]。

密毛酸模叶蓼植株

17 杠板归 拉丁名：*Polygonum perfoliatum*

形态：杠板归主要形态特征为茎攀援，多分枝，具纵棱，沿棱具稀疏的倒生皮刺。叶三角形，顶端钝或微尖，基部截形或微心形，薄纸质，上面无毛，下面沿叶脉疏生皮刺；叶柄与叶片近等长，具倒生皮刺，盾状着生于叶片的近基部；托叶鞘叶状，草质，绿色，圆形或近圆形，穿叶。常生于田边、路旁、山谷湿地[1]。

杠板归植株

18 　　**小蓼花**　　　　拉丁名：*Polygonum muricatum* Meisn.

形态： 小蓼花主要形态特征为茎上升，多分枝，具纵棱，棱上有极稀疏的倒生短皮刺，皮刺长 0.5~1mm，基部近平卧，节部生根。叶卵形或长圆状卵形，顶端渐尖或急尖，基部宽截形、圆形或近心形，上面通常无毛或疏生短柔毛，极少具稀疏的短星状毛，下面疏生短星状毛及短柔毛，沿中脉具倒生短皮刺或糙伏毛，边缘密生短缘毛。常见于山谷水边、田边湿地[1]。

小蓼花花序

花序梗具腺毛

小蓼花叶及叶鞘

（八）酸模属 *Rumex* L.

19　尼泊尔酸模　　　拉丁名：*Rumex nepalensis* Spreng.

形态：尼泊尔酸模主要形态特征为根粗壮。茎直立，具沟槽，无毛，上部分枝。基生叶长圆状卵形，顶端急尖，基部心形，边缘全缘，两面无毛或下面沿叶脉具小突起；茎生叶卵状披针形；叶柄长 3~10cm；托叶鞘膜质，易破裂。常见于山坡路旁、山谷草地[1]。

尼泊尔酸模群落

尼泊尔酸模内花被片果时增大，宽卵形，边缘每侧具 7~8 刺状齿，顶端成钩状

20 皱叶酸模 　　　　　拉丁名：*Rumex crispus* L.

形态：皱叶酸模主要形态特征为根粗壮，黄褐色。茎直立，不分枝或上部分枝，具浅沟槽。基生叶披针形或狭披针形，顶端急尖，基部楔形，边缘皱波状；茎生叶较小狭披针形；托叶鞘膜质，易破裂。常见于河滩、沟边湿地[1]。

内花被片果时增大，宽卵形，网脉明显，边缘近全缘

皱叶酸模茎生叶较小狭披针形

21　　齿果酸模　　　　　拉丁名：*Rumex dentatus* L.

形态：齿果酸模主要形态特征为茎直立，自基部分枝，枝斜上，具浅沟槽。茎下部叶长圆形或长椭圆形，顶端圆钝或急尖，基部圆形或近心形，边缘浅波状，茎生叶较小；叶柄长1.5~5cm。常见于沟边湿地、山坡路旁，海拔30~2500m[1]。

齿果酸模内花被片果时增大，三角状卵形，边缘每侧具2~4个刺状齿

六、苋科 Amaranthaceae

（九） 莲子草属 *Alternanthera* Forsk.

| 22 | 空心莲子草 | 拉丁名：*Alternanthera sessilis* R. Br. |

形态：空心莲子草主要形态特征为圆锥根粗，直径可达 3mm；茎上升或匍匐，绿色或稍带紫色，有条纹及纵沟，沟内有柔毛，在节处有一行横生柔毛。叶片形状及大小有变化，条状披针形、矩圆形、倒卵形、卵状矩圆形、顶端急尖、圆形或圆钝，基部渐狭，全缘或有不显明锯齿，两面无毛或疏生柔毛。常见于草坡、水沟、田边或沼泽、海边潮湿处[1]。

空心莲子植株体

空心莲子草 1 月群落

空心莲子草 7 月群落

七、 龙胆科 Menyanthaceae

（十） 荇菜属 *Nymphoides* Seguier

| 23 | 荇菜 | 拉丁名：*Nymphoides peltatum* Kuntze |

形态： 荇菜主要形态特征为茎圆柱形，多分枝，密生褐色斑点，节下生根。上部叶对生，下部叶互生，叶片飘浮，近革质，圆形或卵圆形，基部心形，全缘，有不明显的掌状叶脉，下面紫褐色，密生腺体，粗糙，上面光滑，叶柄圆柱形，基部变宽，呈鞘状，半抱茎。常生于池塘或不甚流动的河溪中[2]。

荇菜群落

荇菜黄花黄色，花瓣边缘撕裂状

八、金鱼藻科 Ceratophyllaceae

（十一） 金鱼藻属 *Ceratophyllum* L.

24 五刺金鱼藻 拉丁名：*Ceratophyllum platyacanthum* subsp. *oryzetorum*

形态：五刺金鱼藻主要形态特征为茎平滑，多分枝，节间 1~2.5cm，枝顶端者较短。叶常 10 个轮生，2 次二叉状分歧，裂片条形。坚果椭圆形，褐色，平滑，边缘无翅，有 5 尖刺；顶生刺长 7~10mm；2 刺生果实近先端 1/3 处，且和果实垂直，直生或少见弯曲。常生于河沟或池沼中[3]。

五刺金鱼藻群落

九、 毛茛科 Ranunculaceae

（十二） 毛茛属 *Ranunculus* L.

| 25 | 石龙芮 | 拉丁名：*Ranunculus sceleratus* L. |

形态：石龙芮主要形态特征为茎直立，上部多分枝，具多数节，下部节上有时生根，无毛或疏生柔毛。基生叶多数；叶片肾状圆形，基部心形，3深裂不达基部，裂片倒卵状楔形，2~3裂，顶端钝圆，有粗圆齿，无毛；叶柄长 3~15cm，近无毛。常生于河沟边及平原湿地[4]。

石龙芮茎叶无毛，聚合果长圆柱形

26 禹毛茛   拉丁名：*Ranunculus cantoniensis* DC.

形态： 禹毛茛主要形态特征为茎直立，上部有分枝，与叶柄均密生开展的黄白色糙毛。叶为 3 出复叶，基生叶和下部叶有长达 15cm 的叶柄；叶片宽卵形至肾圆形，小叶卵形至宽卵形，2~3 中裂，边缘密生锯齿或齿牙，顶端稍尖，两面贴生糙毛；小叶柄长 1~2cm，侧生小叶柄较短，生开展糙毛，基部有膜质耳状宽鞘。常生于平原或丘陵田边、沟旁水湿地 [4]。

禹毛茛带花果植株，花果近等大

禹毛茛茎被毛

27　　**毛茛**　　　拉丁名：*Ranunculus japonicus* Thunb

形态：毛茛主要形态特征为茎直立，中空，有槽，具分枝，生开展或贴伏的柔毛。基生叶多数；叶片圆心形或五角形，基部心形或截形，通常 3 深裂不达基部，中裂片倒卵状楔形或宽卵圆形或菱形，3 浅裂，边缘有粗齿或缺刻，侧裂片不等地 2 裂，两面贴生柔毛，下面或幼时的毛较密；叶柄长达 15cm，生开展柔毛。常生于田沟旁和林缘路边的湿草地上[4]。

毛茛带花果植株

花比果大　　　　　　　花　　　　　　　球状聚合果

| 28 | 茴茴蒜 | 拉丁名：*Ranunculus chinensis* Bunge |

形态：茴茴蒜主要形态特征为须根多数簇生。茎直立粗壮，中空，有纵条纹，分枝多，与叶柄均密生开展的淡黄色糙毛。基生叶与下部叶有叶柄，为3出复叶，叶片宽卵形至三角形，小叶2~3深裂，裂片倒披针状楔形，上部有不等的粗齿或缺刻或2~3裂，顶端尖，两面伏生糙毛，小叶柄长1~2cm或侧生小叶柄较短，生开展的糙毛。常生于平原与丘陵、溪边、田旁的水湿草地[4]。

茴茴蒜带花果植株

茴茴蒜叶

茴茴蒜圆柱形聚合果

十、豆科 Leguminosae

（十三）　车轴草属 *Trifolium* L.

| 29 | 白车轴草 | 拉丁名：*Trifolium repens* L. |

形态： 白车轴草主要形态特征为主根短，侧根和须根发达。茎匍匐蔓生，上部稍上升，节上生根，全株无毛。掌状三出复叶；托叶卵状披针形，膜质，基部抱茎成鞘状，离生部分锐尖；叶柄较长，小叶倒卵形至近圆形，先端凹头至钝圆，基部楔形渐窄至小叶柄，中脉在下面隆起，侧脉约13对，与中脉作50°角展开，两面均隆起，近叶边分叉并伸达锯齿齿尖。常见于种植，并在湿润草地、河岸、路边呈半自生状态[5]。

白车轴草群落

白车轴草头状花序，花呈粉白色或白色

十一、柳叶菜科 Onagraceae

（十四） 柳叶菜属 *Epilobium* L.

| 30 | 柳叶菜 | 拉丁名：*Epilobium hirsutum* L. |

形态：柳叶菜主要形态特征为在中上部多分枝，周围密被伸展长柔毛，常混生较短而直的腺毛。叶草质，对生，茎上部的互生，无柄，并多少抱茎；茎生叶披针状椭圆形至狭倒卵形或椭圆形，稀狭披针形，先端锐尖至渐尖，基部近楔形，两面被长柔毛，有时在背面混生短腺毛，稀背面密被绵毛或近无毛，侧脉常不明显。常生于河谷、溪流河床沙地或石砾地或沟边、湖边向阳湿处，也生于灌丛、荒坡等地[6]。

柳叶菜带花果植株　　　　　　　柳叶菜花粉红色，上位花，蒴果长圆柱形

柳叶菜的叶

十二、小二仙草科 Haloragidaceae

（十五） 狐尾藻属 *Myriophyllum* L.

31 穗状狐尾藻 　　　　拉丁名：*Myriophyllum spicatum* L.

形态：穗状狐尾藻主要形态特征为茎圆柱形，分枝极多。叶常 5 片轮生，丝状全细裂，叶的裂片约 13 对，细线形，裂片长 1~1.5cm；叶柄极短或不存在。花两性、单性或杂性，雌雄同株，单生于苞片状叶腋内，常 4 朵轮生，由多数花排成近裸颓的顶生或腋生的穗状花序，生于水面上。常见于南北各地池塘、河沟、沼泽中，特别是在含钙的水域中更较常见[6]。

开花的穗状狐尾藻群落，花序挺水水面

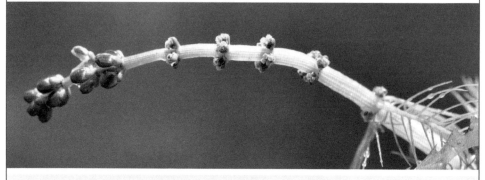

穗状花序，上面是雄花，下面雌花

十三、伞形科 Umbelliferae

（十六）　水芹属 *Oenanthe* L.

| 32 | 水芹 | 拉丁名：*Oenanthe javanica* (Blume) DC. |

形态： 水芹主要形态特征为基生叶有柄，柄长达 10cm，基部有叶鞘；叶片轮廓三角形，1~2 回羽状分裂，末回裂片卵形至菱状披针形，边缘有牙齿或圆齿状锯齿；茎上部叶无柄，裂片和基生叶的裂片相似，较小。常生于浅水低洼地方或池沼、水沟旁，也常见于栽培[7]。

伞形花序，花小，白色

苞片线状

水芹群落

水芹叶二回羽状复叶，小叶边缘具齿

33 蒙自水芹 拉丁名：*Oenanthe linearis* subsp. Rivularis

形态: 蒙自水芹主要形态特征为茎直立，下部匍匐，单一或少分枝。叶有柄，叶片轮廓呈广三角形或三角形，1 回羽状深裂，稀有 2 回羽状深裂；茎下部叶裂片卵形，末回裂片长 1~1.5cm，宽 0.5cm，边缘有缺刻齿；茎上部叶末回裂片线形，全缘。常生于沼地路旁潮湿地或山谷斜坡疏林下[7]。

蒙自水芹具二形叶植株

蒙自水芹茎上部分着生的线状小叶

蒙自水芹聚伞花序，小花白色

十四、 马鞭草科 Verbenaceae

（十七）　马鞭草属 *Verbena* L.

| 34 | 马鞭草 | 拉丁名： *Verbena officinalis* L. |

形态: 马鞭草主要形态特征为茎四方形，近基部可为圆形，节和棱上有硬毛。叶片卵圆形至倒卵形或长圆状披针形，基生叶的边缘通常有粗锯齿和缺刻，茎生叶多数3深裂，裂片边缘有不整齐锯齿，两面均有硬毛，背面脉上尤多。常生长于路边、山坡、溪边或林旁[8]。

马鞭草叶

马鞭草开花植株

马鞭草花序，花浅紫色

十五、狸藻科 Lentibulariaceae

（十八） 狸藻属 *Utricularia* L.

| 35 | 黄花狸藻 | 拉丁名：*Utricularia aurea* Lour. |

形态：黄花狸藻主要形态特征为假根通常不存在，存在时轮生于花序梗的基部或近基部，扁平并多少膨大，具丝状分枝。匍匐枝圆柱形，具分枝。叶器多数，互生，3~4深裂达基部，裂片先羽状深裂，后一至四回二歧状深裂，末回裂片毛发状，具细刚毛。常生于湖泊、池塘和稻田中[9]。

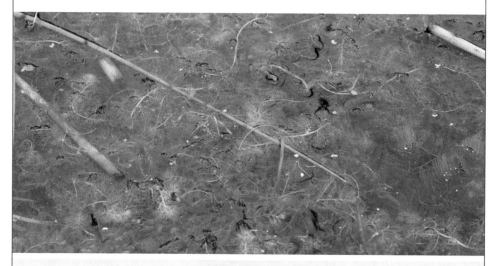

黄花狸藻叶器

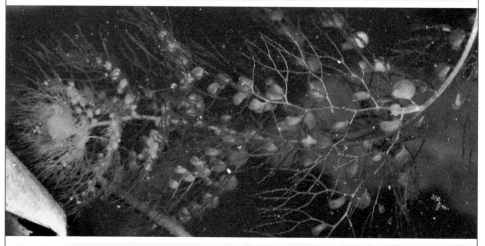

叶器3~4深裂达基部，裂片先羽状深裂，后一至四回二歧状深裂

十六、菊科 Compositae

（十九）　白汜草属 *Conyza* Less.

| 36 | 小蓬草 | 拉丁名：*Conyza canadensis* (L.) Cronq. |

形态：小蓬草主要形态特征为茎直立，圆柱状，多少具棱，有条纹，被疏长硬毛，上部多分枝。叶密集，基部叶花期常枯萎，下部叶倒披针形，顶端尖或渐尖，基部渐狭成柄，边缘具疏锯齿或全缘。常见于旷野、荒地、田边和路旁，为一种常见的杂草[10]。

小蓬草

（二十） 马兰属 *Kalimeris* Cass.

37　　马兰　　　　拉丁名：*Kalimeris indica* (L.) Sch.-Bip.

形态：马兰主要形态特征为茎直立，上部有短毛，上部或从下部起有分枝。基部叶在花期枯萎；茎部叶倒披针形或倒卵状矩圆形，顶端钝或尖，基部渐狭成具翅的长柄，上部叶小，全缘，基部急狭无柄，全部叶稍薄质[10]。

马兰带花植株

具浅紫色舌状花和黄色管状花

叶宽披针形，被短糙毛

（二十一） 蒲公英属 *Taraxacum* Weber.

38 蒲公英 拉丁名：*Taraxacum mongolicum* Hand-Mazz.

形态： 蒲公英主要形态特征为根圆柱状，黑褐色，粗壮。叶倒卵状披针形、倒披针形或长圆状披针形，先端钝或急尖，边缘有时具波状齿或羽状深裂，顶端裂片较大，三角形或三角状戟形，全缘或具齿。常生于中、低海拔地区的山坡草地、路边、田野、河滩[11]。

蒲公英带花植株

果序，种子具白色冠毛

头状花序花黄色

（二十二）蒿属 *Artemisia*

| 39 | 蒌蒿 | 拉丁名：*Artemisia selengensis* Turcz. ex Bess. |

形态：蒌蒿主要形态特征为主根不明显或稍明显，具多数侧根与纤维状须根；根状茎稍粗，直立或斜向上，有匍匐地下茎。茎少数或单，初时绿褐色，后为紫红色，无毛，有明显纵棱，下部通常半木质化，上部有着生头状花序的分枝，枝长 6~12cm，斜向上。常生于低海拔地区的河湖岸边与沼泽地带，也见于湿润的疏林中、山坡、路旁、荒地等[12]。

蒌蒿群落

花序腋生，花浅紫

叶片三深裂，茎棕紫色

（二十三）　豨莶属　*Siegesbeckia*

| 40 | 豨莶 | 拉丁名：*Siegesbeckia orientalis* L. |

形态： 豨莶主要形态特征为茎直立，分枝斜升，上部的分枝常成复二歧状；全部分枝被灰白色短柔毛。基部叶花期枯萎；中部叶三角状卵圆形或卵状披针形，基部阔楔形，下延成具翼的柄，顶端渐尖，边缘有规则的浅裂或粗齿，纸质，上面绿色，下面淡绿，具腺点，两面被毛，三出基脉，侧脉及网脉明显。常生于山野、荒草地、灌丛、林缘及林下，也常见于耕地中[13]。

豨莶带花植株，花序大型圆锥状

外层苞片 5~6 枚，线状匙形或匙形

（二十四） 紫菀属 *Aster*

| 41 | 钻叶紫菀 | 拉丁名：*Aster subulatus* Michx. |

形态：钻叶紫菀主要形态特征为茎直立，粗壮，基部有纤维状枯叶残片且常有不定根，有棱及沟，被疏粗毛，有疏生的叶。基部叶在花期枯落，长圆状或椭圆状匙形，下半部渐狭成长柄，顶端尖或渐尖，边缘有具小尖头的圆齿或浅齿。常生于低山阴坡湿地、山顶和低山草地及沼泽地[10]。

钻叶紫菀植株

（二十五） 牛膝菊属 *Galinsoga*

| 42 | 牛膝菊 | 拉丁名：*Galinsoga parviflora* |

形态：牛膝菊主要形态特征为茎纤细，或粗壮，不分枝或自基部分枝，分枝斜升，茎基部和中部花期脱毛或稀毛。全部茎叶两面粗涩，被白色稀疏贴伏的短柔毛，沿脉和叶柄上的毛较密，边缘浅或钝锯齿或波状浅锯齿，在花序下部的叶有时全缘或近全缘，舌状花4~5个，舌片白色，顶端3齿裂。常生于林下、河谷地、荒野、河边、田间、溪边或市郊路旁[13]。

牛膝菊带花植株

牛膝菊舌状花

十七、玄参科 Scrophulariaceae

（二十六） 通泉草属 *Mazus*

| 43 | 通泉草 | 拉丁名：*Mazus japonicus* |

形态： 通泉草主要形态特征为主根伸长，垂直向下或短缩，须根纤细，多数，散生或簇生。本种在体态上变化幅度很大，茎 1~5 支或有时更多，直立，上升或倾卧状上升，着地部分节上常能长出不定根，分枝多而披散，少不分枝。常生于湿润的草坡、沟边、路旁及林缘[14]。

通泉草开花植株，花浅紫色，二唇形

（二十七）　婆婆纳属 *Veronica*

| 44 | 水苦荬 | 拉丁名：*Veronica undulata* Wall. |

形态：水苦荬主要形态特征为叶片有时为条状披针形，通常叶缘有尖锯齿；茎、花序轴、花萼和蒴果上多少有大头针状腺毛；花梗在果期挺直，横叉开，与花序轴几乎成直角；花柱也较短，长 1~1.5mm。常生于水边及沼地[14]。

水苦荬开花植株

十八、十字花科 Cruciferae

（二十八） 蔊菜属 *Rorippa*

45　　　　蔊菜　　　　　　拉丁名：*Rorippa indica* (L.) Hiern.

形态：蔊菜主要形态特征为茎单一或分枝，表面具纵沟。叶互生，基生叶及茎下部叶具长柄，叶形多变化，通常大头羽状分裂，顶端裂片大，卵状披针形，边缘具不整齐牙齿，侧裂片 1~5 对；茎上部叶片宽披针形或匙形，边缘具疏齿，具短柄或基部耳状抱茎。常生于路旁、田边、园圃、河边等较潮湿处 [15]。

蔊菜带花果植株

46 **沼生蓴菜** 拉丁名：*Rorippa islandica* (Oed.) Borb.

形态： 沼生蓴菜主要形态特征为茎直立，单一成分枝，下部常带紫色，具棱。基生叶多数，具柄；叶片羽状深裂或大头羽裂，长圆形至狭长圆形，裂片 3~7 对，顶端裂片较大，基部耳状抱茎；茎生叶向上渐小，近无柄，叶片羽状深裂或具齿，基部耳状抱茎。常生于潮湿环境或近水处、溪岸、路旁、田边、山坡草地及草场[15]。

沼生蓴菜群落

叶片羽状深裂

短角果肿胀

小花黄色具小花瓣

十九、车前科 Plantaginaceae

（二十九）　车前属 *Plantago* L.

| 47 | 车前草 | 拉丁名：*Plantago asiatica* L. |

形态：车前草主要形态特征为叶基生呈莲座状，平卧、斜展或直立；叶片纸质，椭圆形、椭圆状披针形或卵状披针形，先端急尖或微钝，边缘具浅波状钝齿、不规则锯齿或牙齿，基部宽楔形至狭楔形，下延至叶柄，脉5~7条。常生于草地、河滩、沟边、草甸等[16]。

车前草群落

二十、水马齿科 Callitrichaceae

（三十） 水马齿属 *Callitriche*

| 48 | 沼生水马齿 | 拉丁名：*Callitriche palustris* |

形态：沼生水马齿主要形态特征为叶互生，在茎顶常密集呈莲座状，浮于水面，倒卵形或倒卵状匙形，先端圆形或微钝，基部渐狭，两面疏生褐色细小斑点，具 3 脉；茎生叶匙形或线形，无柄。常生于静水中或沼泽地水中或湿地 [17]。

沼生水马齿群落

二十一、莲科 Nelumbonaceae

（三十一） 莲属 *Nelumbo*

| 49 | 莲 | 拉丁名：*Nelumbo nucifera* |

形态：莲主要形态特征为根状茎横生，肥厚，节间膨大，内有多数纵行通气孔道，节部缢缩，上生黑色鳞叶，下生须状不定根。自生或栽培在池塘或水田内[3]。

莲群落

二十二、杨柳科 Salicaceae

（三十二）　柳属 *Salix*

| 50 | 曲枝垂柳 | 拉丁名：*Salix babylonica* f. tortuosa Y. L. Chou |

形态：曲枝垂柳主要形态特征为树冠开展而疏散。树皮灰黑色，不规则开裂；枝细，下垂，淡褐黄色、淡褐色或带紫色，无毛。芽线形，先端急尖。产长江流域与黄河流域，其他各地均栽培，为道旁、水边等绿化树种。耐水湿，也能生于干旱处[18]。

| 曲枝垂柳植株 | 曲枝垂柳枝叶波状曲折 |

51 旱柳 拉丁名：*Salix matsudana*

形态：旱柳主要形态特征为大枝斜上，树冠广圆形；树皮暗灰黑色，有裂沟；枝细长，直立或斜展，浅褐黄色或带绿色，后变褐色，无毛，幼枝有毛，芽微有短柔毛[18]。

旱柳植株

参 考 文 献

[1] 中国科学院中国植物志编辑委员会 . 中国植物志 : 第 25 卷 [M]. 北京 : 科学出版社 , 2004.

[2] 中国科学院中国植物志编辑委员会 . 中国植物志 : 第 62 卷 [M]. 北京 : 科学出版社 , 2004.

[3] 中国科学院中国植物志编辑委员会 . 中国植物志 : 第 27 卷 [M]. 北京 : 科学出版社 , 2004.

[4] 中国科学院中国植物志编辑委员会 . 中国植物志 : 第 28 卷 [M]. 北京 : 科学出版社 , 2004.

[5] 中国科学院中国植物志编辑委员会 . 中国植物志 : 第 42 卷 [M]. 北京 : 科学出版社 , 2004.

[6] 中国科学院中国植物志编辑委员会 . 中国植物志 : 第 53 卷 [M]. 北京 : 科学出版社 , 2004.

[7] 中国科学院中国植物志编辑委员会 . 中国植物志 : 第 55 卷 [M]. 北京 : 科学出版社 , 2004.

[8] 中国科学院中国植物志编辑委员会 . 中国植物志 : 第 65 卷 [M]. 北京 : 科学出版社 , 2004.

[9] 中国科学院中国植物志编辑委员会 . 中国植物志 : 第 69 卷 [M]. 北京 : 科学出版社 , 2004.

[10] 中国科学院中国植物志编辑委员会 . 中国植物志 : 第 74 卷 [M]. 北京 : 科学出版社 , 2004.

[11] 中国科学院中国植物志编辑委员会 . 中国植物志 : 第 80 卷 [M]. 北京 : 科学出版社 , 2004.

[12] 中国科学院中国植物志编辑委员会 . 中国植物志 : 第 76 卷 [M]. 北京 : 科学出版社 , 2004.

[13] 中国科学院中国植物志编辑委员会 . 中国植物志 : 第 75 卷 [M]. 北京 : 科学出版社 , 2004.

[14] 中国科学院中国植物志编辑委员会 . 中国植物志 : 第 67 卷 [M]. 北京 : 科学出版社 , 2004.

[15] 中国科学院中国植物志编辑委员会 . 中国植物志 : 第 33 卷 [M]. 北京 : 科学出版社 , 2004.

[16] 中国科学院中国植物志编辑委员会 . 中国植物志 : 第 70 卷 [M]. 北京 : 科学出版社 , 2004.

[17] 中国科学院中国植物志编辑委员会 . 中国植物志 : 第 45 卷 [M]. 北京 : 科学出版社 , 2004.

[18] 中国科学院中国植物志编辑委员会 . 中国植物志 : 第 20 卷 [M]. 北京 : 科学出版社 , 2004.

第六章　单子叶植物
Monocotyledon

二十三、眼子菜科 Potamogetonaceae

（三十三）　眼子菜属 *Potamogeton* L.

| 52 | 菹草 | 拉丁名：*Potamogeton crispus* L. |

形态：菹草主要形态特征为具近圆柱形的根茎。茎稍扁，多分枝，近基部常匍匐地面，于节处生出疏或稍密的须根。常生于池塘、水沟、水稻田、灌渠及缓流河水中，水体多呈微酸至中性[1]。

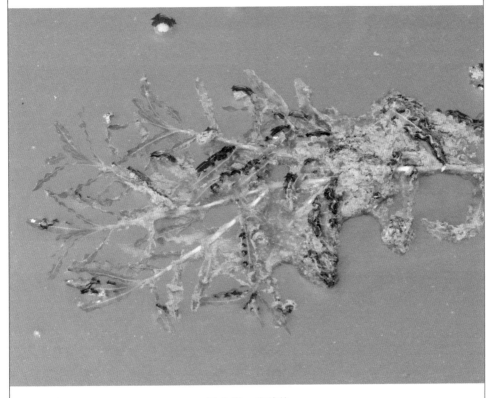

叶全缘，浅波状

53 眼子菜 拉丁名：*Potamogeton distinctus* A.Benn.

形态：眼子菜主要形态特征为多分枝，常于顶端形成纺锤状休眠芽体，并在节处生有稍密的须根；茎圆柱形，通常不分枝；浮水叶革质，披针形、宽披针形至卵状披针形。常生于池塘、水田和水沟等静水水体中，水体多呈微酸至中性[1]。

眼子菜开花群落

眼子菜叶具长柄

眼子菜雌蕊数 1~4

眼子菜种子数 1~4

54 光叶眼子菜 拉丁名：*Potamogeton lucens* L.

形态：光叶眼子菜主要形态特征为茎圆柱形，直径约 2mm，上部多分枝，节间较短，下部节间伸长，可达 20 余厘米。叶长椭圆形、卵状椭圆形至披针状椭圆形，无柄或具短柄，质薄，先端尖锐，基部楔形，边缘浅波状，疏生细微锯齿。常生于湖泊、沟塘等静水水体，水体多呈微酸至中性[1]。

光叶眼子菜群落

光叶眼子菜叶柄短，托叶与叶片离生

55 微齿眼子菜　　　　拉丁名：*Potamogeton maackianus* A.Benn.

形态：微齿眼子菜主要形态特征为茎细长，具分枝，近基部常匍匐，于节处生出多数纤长的须根；叶条形，无柄，先端钝圆，基部与托叶贴生成短的叶鞘，叶缘具微细的疏锯齿；叶脉平行，顶端连接，中脉显著，侧脉较细弱。常生于湖泊、池塘等静水水体，水体多呈微酸性[1]。

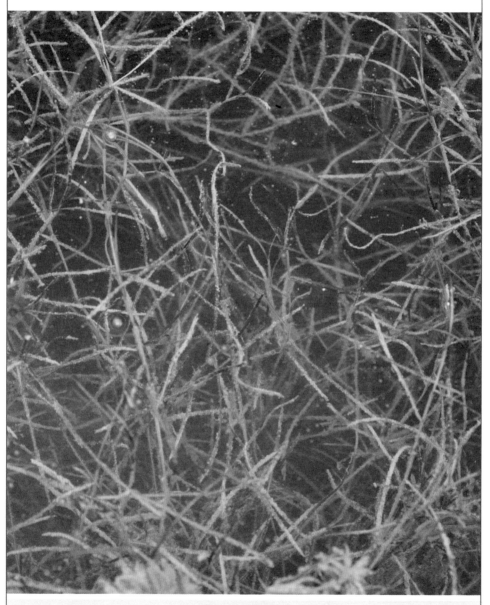

微齿眼子菜群落

56 **竹叶眼子菜** 拉丁名：*Potamogeton malaianus* Miq.

形态：竹叶眼子菜主要形态特征为茎圆柱形，不分枝或具少数分枝；叶条形或条状披针形，具长柄；叶片长 5~19cm，先端钝圆而具小凸尖，基部钝圆或楔形，边缘浅波状，有细微的锯齿。常生于灌渠、池塘、河流等静、流水体，水体多呈微酸性[1]。

竹叶眼子菜群落

竹叶眼子菜叶柄长

竹叶眼子菜托叶与叶片离生

57 篦齿眼子菜　　　拉丁名：*Potamogeton pectinatus* L.

形态：篦齿眼子菜主要形态特征为根茎发达，白色，直径 1~2mm，具分枝；茎长 50~200cm，近圆柱形，纤细，直径 0.5~1mm，下部分枝稀疏，上部分枝稍密集；叶线形，先端渐尖或急尖，基部与托叶贴生成鞘。常生于河沟、水渠、池塘等各类水体，水体多呈微酸性或中性[1]。

篦齿眼子菜群落

58 穿叶眼子菜 拉丁名：*Potamogeton perfoliatus* L.

形态：穿叶眼子菜主要形态特征为根茎白色，节处生有须根。茎圆柱形，上部多分枝；叶卵形、卵状披针形或卵状圆形，无柄，先端钝圆，基部心形，呈耳状抱茎，边缘波状，常具极细微的齿。常生于湖泊、池塘、灌渠、河流等水体，水体多为微酸至中性[1]。

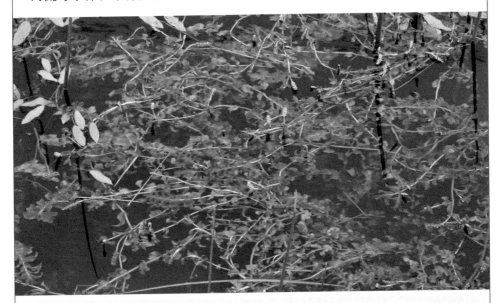

穿叶眼子菜群落

叶对生，无叶柄，包茎

二十四、茨藻科 Najadaceae

（三十四） 茨藻属 *Najas* L.

| 59 | 大茨藻 | 拉丁名：*Najas marina* L. |

形态：大茨藻主要形态特征为植株多汁，较粗壮，呈黄绿色至墨绿色；基部节上生有不定根，分枝多，呈二叉状，常具稀疏锐尖的粗刺，先端具黄褐色刺细胞；表皮与皮层分界明显。常生于池塘、湖泊和缓流河水中，常群聚成丛[1]。

大茨藻群落

60　　小茨藻　　　　　　拉丁名：*Najas minor* All.

形态：小茨藻主要形态特征为茎圆柱形，光滑无齿，茎粗 0.5~1mm 或更粗，节间长 1~10cm，或有更长者；分枝多，呈二叉状；上部叶呈 3 叶假轮生，下部叶近对生，于枝端较密集，无柄。常成小丛生于池塘、湖泊、水沟和稻田中，也可生于数米深的水底[1]。

沉水的小茨藻植株

二十五、泽泻科 Alismataceae

（三十五） 泽泻属 *Alisma* L.

| 61 | 泽泻 | 拉丁名：*Alisma plantagoaquatica* L. var. *orientale* Sam. |

形态：泽泻主要形态特征为块茎直径 1~3.5cm，或更大；叶通常多数；沉水叶条形或披针形；挺水叶宽披针形、椭圆形至卵形，先端渐尖，稀急尖，基部宽楔形、浅心形，叶脉通常 5 条，叶柄长 1.5~30cm，基部渐宽，边缘膜质。常生于湖泊、河湾、溪流、水塘的浅水带，沼泽、沟渠及低洼湿地等[1]。

泽泻群落

泽泻开花植株，大型圆锥花序多分枝

叶厚肉质

（三十六） 慈姑属 *Sagittaria* L.

| 62 | 慈姑 | 拉丁名：*Sagittaria sagittifolia* L. |

形态：慈姑主要形态特征为植株高大，粗壮；叶片宽大，肥厚，顶裂片先端钝圆，卵形至宽卵形；匍匐茎末端膨大呈球茎，球茎卵圆形或球形；圆锥花序高大，分枝 1~3，着生于下部，具 1~2 轮雌花，主轴雌花 3~4 轮，位于侧枝之上。常生于湖泊、沼泽、沟渠、水田等水域[1]。

慈姑群落

63　　　野慈姑　　　　　　拉丁名：*Sagittaria trifolia* L.

形态： 野慈姑主要形态特征为根状茎横走，较粗壮，末端膨大。挺水叶箭形，叶片长短、宽窄变异很大，通常顶裂片短于侧裂片，顶裂片与侧裂片之间缢缩；叶柄基部渐宽，鞘状，边缘膜质，具横脉，或不明显。常生于湖泊、池塘、沼泽、沟渠、水田等水域[1]。

野慈姑开花群落

叶　　　　　　　　　　　　　　　　花序

64 　剪刀草　拉丁名：*Sagittaria trifolia* Linn. var. trifolia f. longiloba

形态：剪刀草主要形态特征为匍匐根状茎末端通常不膨大呈球形；叶片明显窄小，呈飞燕状，顶裂片与侧裂片宽约 0.5~1.5cm；花序多总状，通常具雌花 1~3 轮，稀圆锥花序，仅具 1 枚分枝，无雌花，罕 1 轮雌花。常生于平原、丘陵或山地的湖泊、沼泽、沟渠、水塘、稻田等水域的浅水处[1]。

剪刀草群落

| 叶剪刀状 | 花序 | 花 / 果 |

二十六、水鳖科 Hydrocharitaceae

（三十七） 黑藻属 *Hydrilla* Richard

| 65 | 黑藻 | 拉丁名：*Hydrilla verticillata* (L.f.) Royle |

形态：黑藻主要形态特征为茎圆柱形，表面具纵向细棱纹，质较脆。休眠芽长卵圆形；苞叶多数，螺旋状紧密排列，白色或淡黄绿色，狭披针形至披针形。常生于淡水中[1]。

黑藻群落

叶轮生

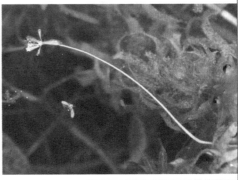

花

（三十八）水车前属 *Ottelia* Pers.

66　　　　海菜花　　　拉丁名：*Ottelia acuminata* (Gagnep.) Dandy

形态：海菜花主要形态特征为茎短缩，叶基生，叶形变化较大，线形、长椭圆形、披针形、卵形以及阔心形，先端钝，基部心形或少数渐狭，全缘或有细锯齿；叶柄长短因水深浅而异，柄上及叶背沿脉常具肉刺。常生于流水河湾处或溪沟中[1]。

海菜花群落

海菜花开花植株

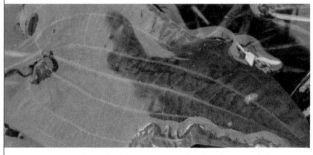

叶片

花

二十七、禾本科 Gramineae

（三十九） 稗属 *Echinochloa* Beauvois

| 67 | 稗 | 拉丁名：*Echinochloa crusgalli* (L.) Beauv. |

形态：稗的主要形态特征为秆高 50~150cm，光滑无毛，基部倾斜或膝曲叶鞘疏松裹秆，平滑无毛，下部者长于而上部者短于节间；叶舌缺；叶片扁平，线形，无毛，边缘粗糙。圆锥花序直立，近尖塔形；主轴具棱，粗糙或具疣基长刺毛。常生于沼泽地、沟边及水稻田中 [2]。

稗植株

果序

（四十） 李氏禾属 *Leersia* Swartz

| 68 | 李氏禾 | 拉丁名：*Leersia hexandra* Swartz |

形态：李氏禾主要形态特征为秆倾卧地面并于节处生根，直立部分高40~50cm，节部膨大且密被倒生微毛；叶鞘短于节间，多平滑；叶舌长1~2mm，基部两侧下延与叶鞘边缘相愈合成鞘边。常生于河沟田岸水边湿地[3]。

开花李氏禾群落

茎节具白色柔毛

花序

（四十一） 菰属 *Zizania* L.

| 69 | 菰 | 拉丁名：*Zizania latifolia* (Griseb.) Stapf |

形态：菰的主要形态特征为秆高大直立，高 1~2m，径约 1cm，具多数节，基部节上生不定根。叶鞘长于其节间，肥厚，有小横脉；叶舌膜质，长约 1.5cm，顶端尖；叶片扁平宽大，长 50~90cm，宽 15~30mm。水生或沼生，常见栽培[3]。

菰群落

（四十二）　狗牙根属 *Cynodon*

| 70 | 狗牙根 | 拉丁名：*Cynodon dactylon* |

形态：狗牙根主要形态特征为秆细而坚韧，下部匍匐地面蔓延甚长，节上常生不定根，直立部分高 10~30cm，直径 1~1.5mm，秆壁厚，光滑无毛，有时略两侧压扁。叶鞘微具脊，无毛或有疏柔毛，鞘口常具柔毛；叶舌仅为一轮纤毛；叶片线形，通常两面无毛。常生于村庄附近、道旁河岸、荒地山坡等[2]。

狗牙根花序

狗牙根群落

（四十三） 雀稗属 *Paspalum*

71 **双穗雀稗** 拉丁名：*Paspalum paspaloides* (Michx.) Scribn.

双穗雀稗花序

形态： 双穗雀稗主要形态特征为匍匐茎横走、粗壮，长达 1m，向上直立部分高 20~40cm，节生柔毛；叶鞘短于节间，背部具脊，边缘或上部被柔毛；叶舌长 2~3mm，无毛；叶片披针形，无毛。常生于田边路旁，曾作一优良牧草引种，但在局部地区为造成作物减产的恶性杂草[2]。

双穗雀稗群落

（四十四）　芦苇属　*Phragmites*

| 72 | 芦苇 | 拉丁名：*Phragmites australis* |

形态：芦苇的主要形态特征为秆直立，高 1~8m，具 20 多节，基部和上部的节间较短，最长节间位于下部第 4~6 节，节下被腊粉。叶鞘下部者短于上部者，长于其节间；叶舌边缘密生一圈短纤毛，两侧缘毛长 3~5mm，易脱落。常生于江河湖泽、池塘沟渠沿岸和低湿地[3]。

深水区的芦苇群落

开花中的芦苇群落

（四十五） 看麦娘属 *Alopecurus*

73 看麦娘   拉丁名：*Alopecurus aequalis*

形态：看麦娘的主要形态特征为秆少数丛生，细瘦，光滑，节处常膝曲，高 15~40cm。叶鞘光滑，短于节间；叶舌膜质，叶片扁平。圆锥花序圆柱状，灰绿色；小穗椭圆形或卵状长圆形；颖膜质，基部互相连合，具 3 脉，脊上有细纤毛，侧脉下部有短毛。常生于田边及潮湿之地[3]。

看麦娘植株

（四十六） 菵草属 *Beckmannia*

| 74 | 菵草 | 拉丁名：*Beckmannia syzigachne* |

形态：菵草主要形态特征为秆直立，高 15~90cm，具 2~4 节。叶鞘无毛，多长于节间；叶舌透明膜质，叶片扁平，粗糙或下面平滑。圆锥花序长 10~30cm，分枝稀疏，直立或斜升。常生于水边及湿地 [3]。

菵草群落

（四十七） 棒头草属 *Polypogon* Desf.

| 75 | 棒头草 | 拉丁名：*Polypogon fugaxs* |

棒头草花序

形态： 棒头草主要形态特征为秆丛生，基部膝曲，大都光滑，高 10~75cm。叶鞘光滑无毛，大都短于或下部者长于节间；叶舌膜质，长圆形，常 2 裂或顶端具不整齐的裂齿；叶片扁平，微粗糙或下面光滑。常生于山坡、田边和潮湿处 [3]。

棒头草群落

（四十八） 沿沟草属 *Catabrosa*

76 沿沟草 拉丁名：*Catabrosa aquatica*

形态：沿沟草主要形态特征为秆直立，质地柔软，高 20~70cm，基部有横卧或斜升的长匍匐茎，于节处生根。叶鞘闭合达中部，松弛，光滑，上部者短于节间；叶舌透明膜质，顶端钝圆；叶片柔软，扁平，两面光滑无毛，顶端呈舟形。常生于溪河水旁[3]。

沿沟草群落

茎叶

（四十九） 黑麦草属 *Lolium*

77 黑麦草　　　　　　　拉丁名：*Lolium perenne*

形态：黑麦草主要形态特征为秆丛生，高 30~90cm，具 3~4 节，质软，基部节上生根。叶舌长约 2mm；叶片线形，柔软，具微毛，有时具叶耳。穗形穗状花序直立或稍弯。常生于草甸草场，路旁湿地常见[3]。

黑麦草穗

（五十）　早熟禾属 *Poa*

| 78 | 早熟禾 | 拉丁名：*Poa annua* L. |

形态：早熟禾主要形态特征为秆直立或倾斜，质软，全体平滑无毛。叶鞘稍压扁，中部以下闭合；叶舌长 1~5mm，圆头；叶片扁平或对折，质地柔软，常有横脉纹，顶端急尖呈船形，边缘微粗糙。常生于平原和丘陵的路旁草地、田野水沟或阴蔽荒坡湿地 [3]。

早熟禾群落

二十八、莎草科 Cyperaceae

（五十一）　荸荠属 *Eleocharis* R.Br.

| 79 | 野荸荠 | 拉丁名：*Eleocharis plantagineiformis* |

形态： 野荸荠主要形态特征为有长的匍匐根状茎。秆多数，丛生，直立，圆柱状，高 30~100cm，直径 4~7mm，灰绿色，中有横隔膜，干后秆的表面现有节。鞘膜质，紫红色，微红色，深、淡褐色或麦秆黄色，光滑，无毛，鞘口斜，顶端急尖。小穗圆柱状，微绿色，顶端钝，有多数花；下位刚毛 7~8 条，较小坚果长，有倒刺；柱头 3 个；小坚果宽倒卵形，扁双凸状，黄色，平滑，表面细胞呈四至六角形，顶端不缢缩。常生于湿地、浅水处 [4]。

野荸荠群落

| 80 | 黑籽荸荠 | 拉丁名：*Heleocharis caribaea* (Rottb.) Blake |

形态：黑籽荸荠主要形态特征为秆多数或极多数，丛生或密丛生，短，瘦，软弱，有少数肋条和纵槽，直或弯，无疣状突起；长鞘麦秆黄色，基部微红色，鞘口斜，顶端渐尖，高 1~1.5cm。小穗球形或卵形，顶端很钝，长3~5mm，直径 3~3.5mm，淡锈色，密生多数花；下位刚毛 6~8 条，稍短于小坚果，锈色，不向外展开，有倒刺，刺稀而短；柱头。常生于路旁水边[4]。

长卵形花序比茎粗

81 　紫果蔺　　　拉丁名：*Heleocharis atropurpurea* (Retz.) Presl

形态： 紫果蔺主要形态特征为秆多数，丛生，高 2~15cm，细若毫发，直，圆柱状，有浑圆肋条，淡绿色，在秆的基部有 1~2 个叶鞘；鞘的上部淡绿色，下部紫红色，管状，膜质，鞘口斜，顶端钝或急尖。常生于水田中、田边、湿地[4]。

紫果蔺花序短小　　　　　　　　白色下位刚毛

82 牛毛毡 拉丁名：*Heleocharis yokoscensis*

形态： 牛毛毡主要形态特征为秆多数，细如毫发，密丛生如牛毛毡，因而有此俗名，高 2~12cm。叶鳞片状，具鞘，鞘微红色，膜质，管状。小穗卵形，顶端钝，淡紫色，只有几朵花，所有鳞片全有花等。常生于水田中、池塘边或湿黏土中[4]。

牛毛毡植株

茎丛生细若毛发

（五十二） 水莎草属 *Juncellus* (Criseb.) C.B.Clarke

83 水莎草 拉丁名：*Juncellus serotinus* (Rottb.) C.B.Clarke

形态： 水莎草主要形态特征为根状茎长。秆高 35~100cm，粗壮，扁三棱形，平滑。叶片少，短于秆或有时长于秆，宽 3~10mm，平滑，基部折合，上面平张，背面中肋呈龙骨状突起 [4]。

开花水莎草群落

水莎草带花序植株 花序

84 褐穗莎草　　　　　拉丁名：*Cyperus fuscus*

形态：褐穗莎草主要形态特征为秆丛生，细弱，高 6~30cm，扁锐三棱形，平滑，基部具少数叶。叶短于秆或有时几与秆等长，宽 2~4mm，平张或有时向内折合，边缘不粗糙。常生于稻田中、沟边或水旁[4]。

褐穗莎草叶粗糙，长于花序

小穗扁平褐色

（五十三） 藨草属 *Scirpus* L.

| 85 | 水葱 | 拉丁名：*Scirpus tabernaemontani* Gmel. |

形态：水葱主要形态特征为匍匐根状茎粗壮，具许多须根。秆高大，圆柱状，高 1~2m，平滑，基部具 3~4 个叶鞘，鞘长可达 38cm，管状，膜质，最上面一个叶鞘具叶片。叶片线形，长 1.511cm。常见于湖边或浅水塘中[4]。

水葱花序

水葱群落

86　水毛花　　　拉丁名：*Scirpus triangulates* Roxb.

形态：水毛花主要形态特征为根状茎粗短，无匍匐根状茎，具细长须根。秆丛生，稍粗壮，高 50~120cm，锐三棱形，基部具 2 个叶鞘，鞘棕色，长 7~23cm，顶端呈斜截形，无叶片。常生于水塘边、沼泽地、溪边牧草地、湖边等，常和慈菇莲花同生 [4]。

水毛花花序，苞片翻折

水毛花群落

87　三棱水葱　　　　　　　拉丁名：*Scirpus triqueter* L.

形态：三棱水葱主要形态特征为匍匐根状茎长，直径 1~5mm，干时呈红棕色。秆散生，粗壮，高 20~90cm，三棱形，基部具 2~3 个鞘，鞘膜质，横脉明显隆起，最上一个鞘顶端具叶片。叶片扁平，长 1.3~8cm，宽 1.5~2mm。常生长在水沟、水塘、山溪边或沼泽地[4]。

三棱水葱群落

长侧枝聚伞花序

叶片短

88 荆三棱 　　　　　拉丁名：*Scirpus yagara* Ohwi

形态：荆三棱主要形态特征为根状茎粗而长，呈匍匐状，顶端生球状块茎，常从块茎又生匍匐根状茎。秆高大粗壮，高 70~150cm，锐三棱形，平滑，基部膨大，具秆生叶。叶扁平，线形，宽 5~10mm，稍坚挺，上部叶片边缘粗糙，叶鞘很长，最长可达 20cm。常生长于湖、河浅水中 [4]。

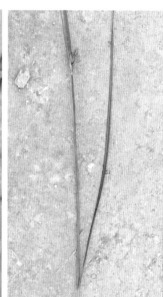

具茎生叶

荆三棱植株 　　　　　花序，苞片 3 枚

（五十四） 薹草属 *Carex*

89 藏北薹草 拉丁名：*Carex satakeana*

形态：藏北薹草主要形态特征为根状茎短，近木质，无匍匐茎。秆高5~30cm，纤细，锐三棱形，平滑，坚硬，直立，上部多少弯曲，基部叶鞘具叶或无叶片，褐色，分裂成纤维状。叶短于秆，宽2~3mm，线形，坚硬，平张或对折，边缘粗糙，先端渐尖。苞片最下部的刚毛状，无鞘，上部的鳞片状，暗褐色。常生长于湖泊、河水中[5]。

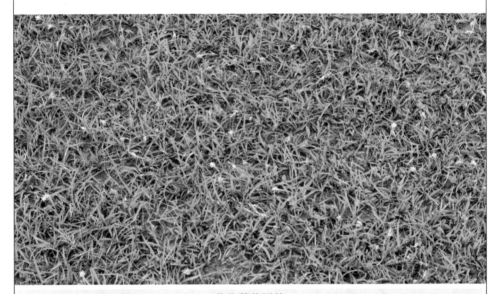

藏北薹草群落

带雌雄花序植株

果序

90 二形鳞薹草 拉丁名：*Carex dimorpholepis* Steud.

形态： 二形鳞薹草主要形态特征为秆丛生，锐三棱形，上部粗糙，基部具红褐色至黑褐色无叶片的叶鞘。叶短于或等长于秆，平张，边缘稍反卷。苞片下部有 2 枚叶状，长于花序，上部呈刚毛状；小穗 5~6 个，接近，顶端 1 个雌雄顺序，长 4~5cm；侧生小穗雌性，上部 3 个其基部具雄花，圆柱形；小穗柄纤细，长 1.5~6cm，向上渐短，下垂[5]。

二形鳞薹草群落

二形鳞薹草花序

二形鳞薹草果穗

91　异鳞薹草　　　　拉丁名：*Carex heterolepis*

形态： 异鳞薹草主要形态特征为根状茎短，具长匍匐茎。秆高 40~70cm，三棱形，上部粗糙，基部具黄褐色细裂成网状的老叶鞘。叶与秆近等长，宽 3~6mm，平张，边缘粗糙。苞片叶状，最下部 1 枚长于花序，基部无鞘。常生于沼泽地、水边[5]。

异鳞薹草群落

二十九、天南星科 Araceae

（五十五） 菖蒲属 *Acorus* L.

| 92 | 菖蒲 | 拉丁名：*Acorus calamus* L. |

形态：菖蒲主要形态特征为根茎横走，稍扁，分枝，直径 5~10mm，外皮黄褐色，芳香，肉质根多数，长 5~6cm，具毛发状须根。叶基生，基部两侧膜质叶鞘宽 4~5mm，向上渐狭，至叶长 1/3 处渐行消失、脱落。常生于水边、沼泽湿地或湖泊浮岛上，也常有栽培[6]。

菖蒲

三十、浮萍科 Lemnaceae

（五十六） 浮萍属 *Lemna* L.

93 浮萍 　　　　　拉丁名：*Lemna minor* L.

形态：浮萍主要形态特征为叶状体对称，表面绿色，背面浅黄色或绿白色或常为紫色，近圆形，倒卵形或倒卵状椭圆形，全缘，长 1.5~5mm，宽 2~3mm，上面稍凸起或沿中线隆起，脉 3，不明显，背面垂生丝状根 1 条，根白色，长 3~4cm，根冠钝头，根鞘无翅。叶状体背面一侧具囊，新叶状体于囊内形成浮出，以极短的细柄与母体相连，随后脱落。雌花具弯生胚珠 1 枚，果实无翅，近陀螺状，种子具凸出的胚乳并具 12~15 条纵肋。常生于水田、池沼或其他静水水域，常与紫萍混生[6]。

浮萍群落

（五十七） 紫萍属 *Spirodela* Schleid

| 94 | 紫萍 | 拉丁名：*Spirodela polyrhiza* (L.) Schleid |

形态：紫萍主要形态特征为叶状体扁平，阔倒卵形，先端钝圆，表面绿色，背面紫色，具掌状脉 5~11 条，背面中央生 5~11 条根，白绿色，根冠尖，脱落；根基附近的一侧囊内形成圆形新芽，萌发后，幼小叶状体渐从囊内浮出，由一细弱的柄与母体相连。花未见，据记载，肉穗花序有 2 个雄花和 1 个雌花。常生于水田、水塘、湖湾、水沟，常与浮萍形成覆盖水面的飘浮植物群落[6]。

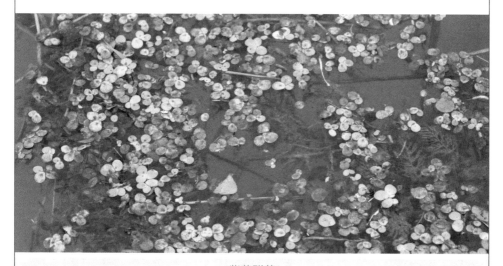

紫萍群落

叶圆形

三十一、灯心草科 Juncaceae

（五十八） 灯心草属 *Juncus* L.

| 95 | 灯心草 | 拉丁名：*Juncus effusus* L. |

形态：灯心草主要形态特征为多年生草本，高 27~91cm，有时更高；根状茎粗壮横走，具黄褐色稍粗的须根。茎丛生，直立，圆柱形，淡绿色，具纵条纹，直径 1~4mm，茎内充满白色的髓心。叶全部为低出叶，呈鞘状或鳞片状，包围在茎的基部，长 1~22cm，基部红褐至黑褐色；叶片退化为刺芒状。常生于河边、池旁、水沟、稻田旁、草地及沼泽湿处[6]。

灯心草群落

果序

96　笄石菖　　　拉丁名：*Juncus prismatocarpus* R. Br.

形态：笄石菖主要形态特征为多年生草本，高 17~65cm，具根状茎和多数黄褐色须根。茎丛生，直立或斜上，有时平卧，圆柱形，或稍扁，直径 1~3mm，下部节上有时生不定根。叶基生和茎生，短于花序；基生叶少；茎生叶 2~4 枚；叶片线形通常扁平，顶端渐尖，具不完全横隔，绿色；叶鞘边缘膜质，长 2~10cm，有时带红褐色。常生于田地、溪边、路旁沟边、疏林草地以及山坡湿地[6]。

笄石菖开花群落

具茎生叶，叶线状

三十二、黑三棱科 Sparganiaceae

（五十九） 黑三棱属 *Sparganium*

| 97 | 黑三棱 | 拉丁名：*Sparganium stoloniferum* |

形态：黑三棱主要形态特征为块茎膨大，比茎粗 2~3 倍，或更粗；根状茎粗壮。茎直立，粗壮，高 0.7~1.2m，或更高，挺水。叶片长 20~90cm，宽 0.7~16cm，具中脉，上部扁平，下部背面呈龙骨状凸起，或呈三棱形，基部鞘状。常生于湖泊、河沟、沼泽、水塘边浅水处[1]。

果序

黑三棱群落　　　　　叶背中脉隆起　　　　　叶正面中脉凹陷

三十三、香蒲科 Typhaceae

（六十）　香蒲属 *Typha*

| 98 | 水烛 | 拉丁名：*Typha angustifolia* |

形态： 水烛主要形态特征为根状茎乳黄色、灰黄色，先端白色。地上茎直立，粗壮，高 1.5~3m。叶片长 54~120cm，宽 0.4~0.9cm，上部扁平，中部以下腹面微凹，背面向下逐渐隆起呈凸形，下部横切面呈半圆形，细胞间隙大，呈海绵状；叶鞘抱茎。常生于湖泊、河流、池塘浅水处，水深可达 1m 或更深，沼泽、沟渠亦常见[1]。

水烛群落

| 开花中的水烛群落 | 雄花序与雌花序分离 | 水烛种子 |

三十四、鸢尾科 Iridaceae

（六十一） 鸢尾属 *Iris*

| 99 | 鸢尾 | 拉丁名：*Iris tectorum* |

形态：鸢尾主要形态特征为植株基部围有老叶残留的膜质叶鞘及纤维。根状茎粗壮，二歧分枝，直径约 1cm，斜伸；须根较细而短。叶基生，黄绿色，稍弯曲，中部略宽，宽剑形，长 15~50cm，宽 1.5~3.5cm，顶端渐尖或短渐尖，基部鞘状，有数条不明显的纵脉。常生于向阳坡地、林缘及水边湿地 [7]。

鸢尾开花植株

鸢尾花

花瓣上的鸡冠状凸起结构

参 考 文 献

[1] 中国科学院中国植物志编辑委员会 . 中国植物志 : 第 8 卷 [M]. 北京 : 科学出版社 , 2004.

[2] 中国科学院中国植物志编辑委员会 . 中国植物志 : 第 10 卷 [M]. 北京 : 科学出版社 , 2004.

[3] 中国科学院中国植物志编辑委员会 . 中国植物志 : 第 9 卷 [M]. 北京 : 科学出版社 , 2004.

[4] 中国科学院中国植物志编辑委员会 . 中国植物志 : 第 11 卷 [M]. 北京 : 科学出版社 , 2004.

[5] 中国科学院中国植物志编辑委员会 . 中国植物志 : 第 12 卷 [M]. 北京 : 科学出版社 , 2004.

[6] 中国科学院中国植物志编辑委员会 . 中国植物志 : 第 13 卷 [M]. 北京 : 科学出版社 , 2004.

[7] 中国科学院中国植物志编辑委员会 . 中国植物志 : 第 16 卷 [M]. 北京 : 科学出版社 , 2004.